JUILLET 1927

UNE EXPLOITATION dans le Nord-Ouest de l'Artois

LE DOMAINE D'HERMAVILLE

André BASSIER

UNE EXPLOITATION DANS LE NORD-OUEST DE L'ARTOIS

LE DOMAINE D'HERMAVILLE

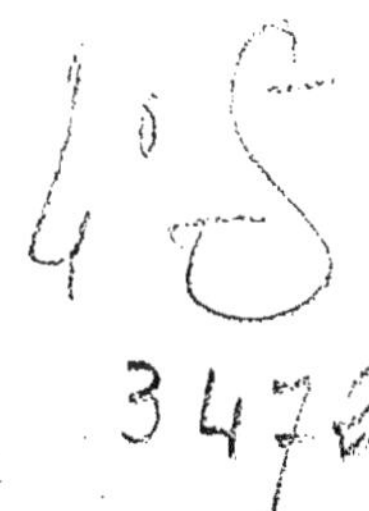

THÈSE AGRICOLE

soutenue en juillet 1927

A L'INSTITUT AGRICOLE DE BEAUVAIS

devant

MM. les Délégués de la Société des Agriculteurs de France

par

ANDRÉ BASSIER

Lauréat de la Société des Agriculteurs de France

BEAUVAIS

IMPRIMERIE DEPARTEMENTALE DE L'OISE

26, rue de Malherbe, 26

1927

A MES GRANDS-PARENTS

A MES PARENTS

Hommage d'affection

et de filiale reconnaissance

INTRODUCTION

C'est au Nord-Ouest de l'Artois, à la limite du Pays de Saint-Pol et de la Plaine d'Arras, que se trouve l'exploitation qui fait l'objet de ce travail.

La Ferme Saint-Georges constitue, avec le château voisin, le Domaine d'Hermaville, nom emprunté à la petite bourgade dont elle est la seule exploitation importante.

Elle est située dans le canton d'Aubigny-en-Artois, où les terres sont en général assez bonnes, mais manquent de profondeur ; c'est pourquoi, en bien des endroits, les cultures ont laissé place aux herbages. L'élevage présente donc une importance à peu près égale à celle de la culture proprement dite, et dans les fermes moyennes, qui n'excèdent pas 10 hectares de superficie, on rencontre souvent de deux à cinq vaches et un ou deux chevaux.

Le climat maritime favorise cet état de choses, et la grande facilité des communications assure des débouchés certains.

La Ferme Saint-Georges comprend à elle seule 166 hectares, dont 45 hectares de prairies naturelles. Les principales cultures qu'on y pratique sont la betterave à sucre, les céréales et les fourrages artificiels. L'écurie y est composée en majeure partie de chevaux boulonnais. On y élève les bovins flamands, les moutons de l'Ile-de-France et les porcs Yorkshire Middle-White.

Nous allons essayer de montrer ce qu'est cette exploitation, et les procédés de culture et d'élevage qu'on y met en pratique.

Nous voudrions ainsi faire ressortir que, pour une ferme placée dans de telles conditions, l'élevage peut donner de meilleurs résultats que la culture et que cette dernière doit tendre au développement de la production du bétail.

Voici donc les deux principaux points qui vont être développés :

1° Les cultures telles qu'on peut les envisager avec le mode de travail et la traction qu'on possède ;

2° Le développement à donner à l'élevage.

Première Partie

LA FERME SAINT-GEORGES

CHAPITRE PREMIER

Généralités sur l'Exploitation

---

§ 1. — **Situation**

Lorsque l'on va d'Arras à Saint-Pol par la route nationale n° 39, on laisse sur sa gauche, à peu près à mi-distance entre ces deux villes, une petite agglomération de maisons paysannes groupées autour d'un clocher pointu, en pierre, agrémenté de figurines selon le style espagnol du début du XVIIe siècle ; c'est Hermaville. Or, l'exploitation qui fera l'objet de cette étude se trouve dans ce village, dont elle a pris le nom du patron : saint Georges.

Nous sommes ici au Nord-Ouest de l'Artois, à 16 kilomètres à l'Ouest d'Arras et à 19 kilomètres à l'Est de Saint-Pol. Le chef-lieu de canton est Aubigny-en-Artois, à 3 kilomètres.

Toute la région voisine d'Arras est sillonnée par des voies de communication nombreuses, facilitant le transport des diverses denrées agricoles et industrielles, ce qui a permis à l'agriculture de ce coin de France de prendre tout le développement que son sol et son climat lui permettaient.

Parmi les principales routes passant à proximité de la ferme, nous pourrons signaler : les deux chemins départementaux passant à Hermaville et joignant, l'un la route nationale n° 39, de Mézières à Montreuil, à 2 km. 500, l'autre le chemin de grande communication n° 53, de Frévent à Arras, à 3 km.

Une partie des terres est située en bordure de la route nationale qu'on vient de mentionner, ce qui rend plus facile le transport des betteraves sucrières qui sont cultivées pour la sucrerie voisine de Savy-Berlette.

La gare de chemin de fer la plus proche est celle d'Aubigny-en-Artois, à 3 km., sur la ligne d'Arras à Boulogne, et le chemin de fer d'intérêt local, de Lens à Frévent.

Le seul cours d'eau de cette région est la Scarpe, petite rivière qui n'est alors pas navigable.

On voit donc que seules routes et voies ferrées servent à l'écoulement des produits de la ferme.

§ 2. — **Historique**

Lorsqu'après avoir quitté les cadres de la cavalerie, où il avait été officier, le baron de Salignac-Fénelon vint habiter le château d'Hermaville, il voulut se faire exploitant rural et jouir du plaisir de la chasse ; c'est pourquoi il adjoignit aux terres et bois qui formaient sa propriété d'autres terres et les bâtiments de la ferme Saint-Georges, qu'il acheta.

S'il fut, alors, bon agriculteur, M. de Salignac fut surtout un excellent éleveur de bovins flamands, comme l'ont témoigné les prix qu'il remporta au Concours général de Paris.

Mais par suite du droit de chasse que le propriétaire de la ferme Saint-Georges voulait exercer sur tout le territoire de la commune, les parcelles de terre étaient alors très dispersées.

Ce morcellement était, comme on le pense bien, néfaste pour l'exploitation agricole, qui eut en outre à souffrir du manque de main-d'œuvre pendant la période 1914-1918 ; aussi les résultats obtenus étaient-ils loin d'être satisfaisants, lorsque le domaine fut acheté après-guerre par M. Saint-Léger, le propriétaire actuel.

On fit alors de nombreuses améliorations : les bâtiments de la ferme furent restaurés ; la haute futaie qui environnait le château fut en partie abattue et fit place à des herbages clôturés ; on essaya de remembrer les terres par des achats et des échanges, et enfin on acheta les terres dont la proximité avec le bois donnait lieu à d'incessants procès pour dégâts de lapins.

De cette façon, la superficie de l'exploitation, devenue à peu près homogène, comprend :

Terres labourables	121 ha.
Prairies naturelles	45 »
Bois	110 »
Parc, cours, jardins, bâtiments, etc	34 »
Soit un total de	310 ha.

Les terres se trouvent sur le territoire de trois communes : Hermaville, Habarcq, Haute-Avesnes.

CHAPITRE II

Etude des Milieux physiques et économiques

§ 1. — Les milieux physiques

GÉOLOGIE

Hermaville se trouve au Nord-Ouest de l'Artois, dans cette région de formation crétacée couverte par les limons et comprise entre la vallée de la Scarpe et celle du Gy.

Difficile pour nous serait l'étude géologique des terres qui nous intéressent, sans avoir recours aux travaux d'hommes compétents qui traitèrent de cette région (1).

Aussi ne chercherons-nous pas à reproduire leurs notes, mais nous bornerons-nous simplement à nommer les différentes couches formant le sol et le sous-sol et à parler de leur utilisation agricole.

Sol et sous-sol

Continuation de la plaine picarde, l'Artois est formé par une assise crétacée puissante, où la

(1) Tribondeau, « Monographie du Pas-de-Calais ».
Risler, « Géologie agricole ».
Malpeaux, « L'Agriculture dans la région du Nord ».

COUPE GÉOLOGIQUE

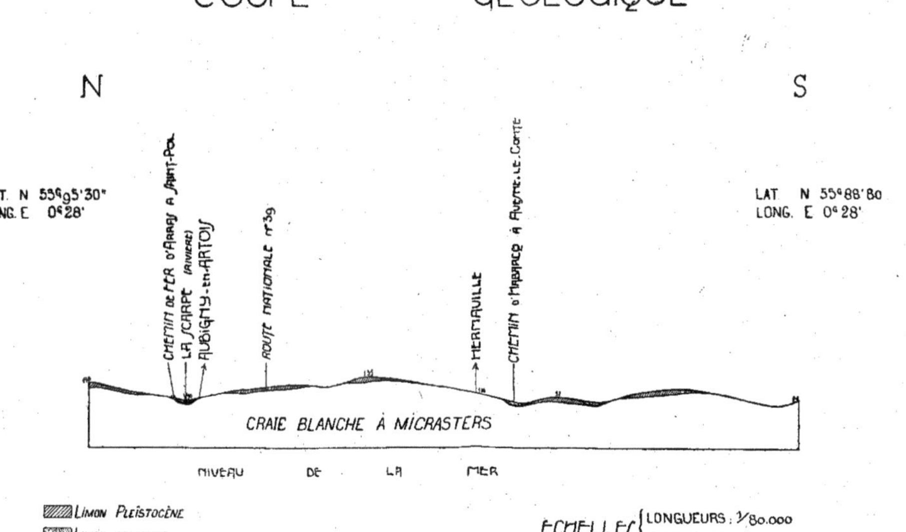

craie branche à *micraster cor testudinarium* couvre d'une couche souvent épaisse de 30 à 40 mètres la craie marneuse, qui permet la formation de la nappe aquifère alimentant la région.

La craie blanche constitue le sous-sol de nos terres ; elle peut se diviser ici en trois parties :

1° La partie supérieure est fine et homogène, pure et sans silex ; c'est elle qui affleure en maints endroits, et est employée le plus souvent comme amendement calcaire.

2° La partie moyenne est pure, moins fine et renferme des silex.

3° Enfin, la partie inférieure est plus grossière et plus tenace ; elle est employée comme pierre de taille ; on trouve cette pierre dans la plupart des constructions rurales, où elle a été utilisée sur place avec des briques et des tuiles du pays.

Bien que souvent affleurante, la craie blanche est presque toujours couverte de dépôts limoneux ou alluvionnaires, qui sont :

1° Le landénien inférieur, peu abondant ; il se présente sous forme de sable fin glauconieux et ne porte que des bois.

2° Le limon pléistocène ou des plateaux, qui forme la majeure partie des terres. Il est très argileux et appelé « bief » ; il contient dans sa partie la plus profonde des silex provenant de la craie, brisés et éclatés, ainsi que des galets et des fragments de grès tertiaires. C'est avec ce limon que l'on fait encore, en certains points, des briques et des tuiles, qu'on trouve un peu partout dans les constructions artésiennes.

3° Les limons de lavage, qu'on trouve au pied des petites élévations de terrain qui amorcent les collines de l'Artois. Ce sont des terres silico-calcaires, où domine le sable fin siliceux ; elles sont dues au lavage des pentes par les eaux pluviales.

4° Enfin, dans les vallées des ruisseaux (Scarpe et Gy), nous trouvons des alluvions modernes, composées surtout de limons argileux jaunes et gris, avec quelques apparences tourbeuses.

Valeur agricole

Les terres mises en culture ou en prairies sont formées par des limons. Au point de vue agricole, on peut les répartir en deux groupes bien distincts : les unes sont silico-argileuses, les autres silico-calcaires.

1° Les terres silico-argileuses sont les plus nombreuses et sont formées par le limon des plateaux ; elles ont une épaisseur variant de 25 à 30 centimètres ; très argileuses, elles donnent un sol cependant assez perméable à l'air et à l'eau pour que la nitrification s'y fasse bien.

Ce sol n'est pas trop humide, grâce à la présence immédiate du sous-sol formé par la craie blanche à *micrasters ;* on peut même lui reprocher de ne pas conserver assez longtemps son humidité pendant les étés un peu secs, ce qui peut nuire aux prairies naturelles qui y sont établies ; il est vrai que les légumineuses qui entrent dans la composition de ces herbages peuvent aller puiser dans le sous-sol l'humidité manquant à la surface du sol.

Au point de vue physique, ce sol serait donc excellent, si sa profondeur était toujours assez grande pour permettre la culture des plantes racines. En outre, depuis la guerre, on a négligé ici les apports de calcaire, et le principal élément manquant est la chaux. A proximité de la sucrerie, on a pu reprendre l'épandage des écumes de défécation et donner au sol cet élément essentiel, mais dans les autres terres on n'a pas encore eu recours au chaulage d'antan ; cependant, on emploie comme engrais phosphaté les scories de déphosphoration, qui apportent chaque année, avec l'anhydride phosphorique, une dose notable de chaux ; il semble nécessaire de faire un chaulage, devant le déficit énorme qui reste à combler pour la chaux, car ce qu'apportent les scories est incapable de regagner le retard dû au long temps depuis lequel la chaux est en trop faible quantité.

La richesse des limons en anhydride phosphorique est à peu près satisfaisante, puisqu'elle varie ici de 0,08 à 0,10 % de terre ; cependant, on ne devra pas oublier qu'en général les limons sont pauvres en cet élément ; aussi devra-t-on leur apporter les engrais phosphatés sous forme de scories, ou, lorsque la chaux est en abondance, par exemple après un amendement calcaire, sous forme de superphosphate.

La potasse est dans la proportion de 1,8 à 2,1 % de terre ; aussi devrons-nous nous contenter d'en ajouter de faibles doses, en ayant soin de veiller à ne pas employer en trop grande quantité les sels décalcifiants, sylvinite et chlorure, et à préférer le sulfate de potassium.

2° Les terres silico-calcaires sont peu abondantes ; elles sont surtout formées d'éléments sableux fins, quelquefois avec quelques cailloux calcaires.

Leur épaisseur est faible ; aussi, avec l'état crayeux du sous-sol, sont-ce des terres peu humides, où la sécheresse se fait sentir en été. Ici, le calcaire est souvent dans des proportions suffisantes, puisque la chaux varie de 3 à 7 % de terre.

Ces terres sont en général riches en anhydride phosphorique, dont la qualité varie de 1,2 à 1,5 % de terre ; on ne devra donc y faire que de faibles apports de superphosphate. Par contre, la potasse manque un peu, la proportion variant de 1,2 à 2 % de terre ; aussi pourra-t-on mettre la sylvinite à dose assez forte.

En résumé, pour les terres silico-argileuses, on devra faire des apports de chaux et d'anhydride phosphorique et, pour les sols silico-calcaires, on ajoutera surtout de la potasse.

OROGRAPHIE

Le territoire d'Hermaville est légèrement accidenté, et alors que le point de plus faible altitude n'y est qu'à 95 mètres, les ondulations du terrain atteignent jusqu'à 140 mètres et amorcent ainsi les collines de l'Artois, qu'on voit dans le lointain. Cependant, les pentes des terres sont peu accentuées et les déclivités du sol ne gênent pas les travaux culturaux.

Il est à remarquer que les routes passent dans les vallées sans eau formées par les ondulations du terrain ; aussi les transports ne demandent-ils pas plus de peine que les travaux des champs.

HYDROGRAPHIE

Le territoire d'Hermaville n'est traversé par aucun cours d'eau ; les rivières les plus proches sont à 3 km. : ce sont la Scarpe, qui coule à Aubigny-en-Artois, et le Gy, qui passe à Harbacq.

Un petit affluent du Gy coulait sur les terres de l'exploitation, mais il est à peu près tari, sauf lors des fortes pluies.

Dans la commune, l'alimentation en eau est faite par deux puits et deux mares servant d'abreuvoirs aux animaux.

Une pompe mue par un moteur électrique de 6 ch. tire de la nappe aquifère formée par la craie marneuse, à 30 mètres sous terre, l'eau nécessaire à l'alimentation du château d'Hermaville et de la Ferme Saint-Georges avec ses dépendances.

Par l'intermédiaire d'un château d'eau, l'eau est fournie sous pression aussi bien dans les maisons d'habitation que dans les abreuvoirs de la ferme et des herbages.

CLIMATOLOGIE

Le climat est ici maritime, et le point le plus caractéristique est le courant d'air venant du Pas-de-Calais. Les vents dominants sont ceux de l'Ouest et du Nord-Ouest ; aussi les pluies sont-elles abondantes et la hauteur des eaux au pluviomètre est de 0^m700. Les brouillards sont fréquents, surtout dans les vallées.

La température moyenne de l'année est voisine de 8°5 ; en novembre, elle est encore proche de 6°, et les mois les plus froids semblent être ceux de décembre, janvier, février et mars.

Il y aura donc possibilité de semer les blés du 15 octobre au 15 novembre, période qui semble la meilleure, car si on les sème trop tôt leur développement est trop avancé lorsque peuvent arriver de brusques gelées, qui nuisent à la végétation, ou bien leur développement trop précoce les prédispose à la verse.

Les hivers sont surtout pluvieux ; les neiges sont rares et ne persistent pas longtemps.

Au printemps, on n'a pas souvent de beau temps, et l'on peut craindre les gelées tardives ; on devra donc se méfier le plus possible des variations de température.

L'été, souvent chaud, ne se passe guère sans pluie, et les orages peuvent gêner la fenaison et la moisson ; en 1926, il a été d'une grande sécheresse.

Quand l'automne est beau, ce qui est le cas presque chaque année, les arrachages de betteraves et les semis se font bien ; dans le cas d'un automne pluvieux, les travaux deviennent difficiles dans les terres argileuses.

§ 2. — **Les milieux économiques**

DÉBOUCHÉS

Nous avons vu plus haut que la Ferme Saint-Georges est assez bien placée quant aux voies de communications.

Les principaux débouchés sont :

Pour les blés et avoines de semence, les maisons Florimond-Desprez, à Capelle (Nord), et Jules Lemaire, à Roye (Somme) ;

Pour les betteraves sucrières, la sucrerie de Savy-Berlette ;

Pour les animaux, soit des marchands de bestiaux, soit des bouchers du pays ou de la région des mines ;

Pour le beurre, un marchand qui le vend sur le marché d'Aubigny.

Pendant quelque temps, alors que le prix de vente du lait était suffisant pour procurer un bénéfice, on vendait le lait en nature, et on le conduisait à la gare d'Aubigny en bidons plombés, en direction des mines de Lens.

On pourrait aussi citer comme débouché possible le marché d'Aubigny-en-Artois, pour les produits fabriqués et les légumes, et celui d'Arras, le samedi, pour les bestiaux.

MAIN-D'ŒUVRE

Rares sont dans la région les exploitations importantes, et nulle part mieux qu'ici ne peut être appliquée la phrase de Foville : « La fourmilière, malgré les époques de crise, n'a jamais interrompu son œuvre et elle continue à mettre la glèbe en poudre. »

En effet, dans le canton d'Aubigny, la superficie moyenne des fermes est de 5 à 10 hectares, avec un ou deux chevaux et deux à cinq vaches. Chacun cultive son coin de terre avec ses enfants ; aussi la main-d'œuvre y est-elle difficile à trouver.

On doit donc parfois avoir recours à la main-d'œuvre étrangère, belge et polonaise, principalement pour les travaux saisonniers, moissons, travaux de betteraves, et même suisse, pour les vacheries.

Quelques hommes qui avaient été travailler à la mine sont revenus au pays natal pour y chercher du travail. Dans notre exploitation, on recherche plutôt le personnel français ; aussi a-t-on parfois recours à cette dernière, mais trop rare catégorie d'ouvriers.

Rien n'est négligé pour retenir à la terre ceux qui n'ont pas encore été attirés par l'appât du gain de l'usine ou de la mine ; c'est pourquoi chaque ouvrier est logé dans le village, dans une petite maison indépendante, avec son jardin et son terrain à pommes de terre. En outre, les ouvriers ont droit au lait à prix minime ; le charbon leur est fourni dans des conditions très avantageuses, et celui qui veut travailler pour lui, les jours de fêtes ou les dimanches, qu'il ait loué ou acquis pour les cultiver quelques hectares de terre, peut, sur sa demande, se servir des chevaux et instruments de la ferme.

Depuis la guerre, les femmes d'ouvriers ne voulaient plus travailler la terre ; mais depuis deux ans, elles veulent bien servir d'auxiliaires pour les travaux tels que battages, relevage des récoltes, épandage du fumier, etc.

On comprend aisément que devant la hausse des salaires, les ouvriers n'aient plus voulu que leurs femmes travaillent, si nous comparons les prix donnés par M. Tribondeau :

	1789	1848	1898	1926
Journaliers	0 fr. 75	1 fr. »	2 fr. »	10 fr.
Tâcherons	1 fr. »	1 fr. 50	3 fr. »	12 fr.
Gens de métier....	1 fr. 50	2 fr. 50	3 fr. 50	15 fr.

(A ces prix, il faut ajouter la valeur de la nourriture.)

Mais, depuis quelques années, l'augmentation des salaires n'ayant pas suivi la marche ascendante du prix des denrées de première nécessité, on a vu les femmes rechercher du travail pour aider, elles aussi, à la vie du ménage.

Grâce à elles, on a évincé peu à peu la main-d'œuvre étrangère dans la ferme, pour les travaux saisonniers.

CAPITAL

Il nous serait difficile d'évaluer le capital nécessaire pour l'exploitation, le cheptel vivant et mort, les bâtiments et les terres de cette ferme. Nous nous contenterons de donner quelques chiffres pour montrer la valeur croissante des choses :

En 1914 (1) :

La valeur locative des terres était de 80 fr. l'ha.
La valeur vénale des terres était de 4.500 fr. l'ha.
Le capital d'exploitation était de... 400 fr. l'ha.

(1) D'après M. Tribondeau.

En 1926, on comptait :

Comme valeur locative, 500 fr. par ha., ou la valeur de trois quintaux de blé, d'après les cours du mois de novembre ; et jusqu'à 4 quintaux 1/2 pour les herbages.

Comme valeur vénale : 7.000 fr. l'ha. pour les terres de culture ; 8.000 fr. l'ha. pour les herbages.

Et cependant les terres ne sont pas ici de qualité merveilleuse, puisque leur répartition au cadastre est :

2e catégorie.............	40 ha.	
3e —	80 »	
4e —	190 »	(dont 110 ha. de bois).

Désormais, le capital d'exploitation pourrait être évalué au moins à 3.500 à 4.000 fr. par ha., sans compter le cheptal vivant.

CHAPITRE III

Organisation intérieure

Bâtiments

Les bâtiments de la Ferme Saint-Georges ont été construits en plusieurs fois ; aussi s'explique-t-on leur disposition un peu irrégulière.

Ce sont, d'abord, autour de la cour principale : la maison d'habitation, les écuries, vacheries, étables, porcheries, granges ; puis, dans une seconde cour, les bergeries, avec le logement du berger ; et enfin des bâtisses dispersées autour de la ferme et comprenant un grand hangar à récoltes, des remises pour les outils et les engrais, et des maisons pour loger le personnel.

Partout ici domine la pierre de taille, provenant de la couche inférieure de la craie blanche, agrémentée de briques, le tout couvert soit de « pannes » ou tuiles du pays, soit d'ardoises.

MAISON D'HABITATION

La maison d'habitation est un bâtiment en longueur, surélevé d'environ un mètre sur la cour. Primitivement, la fumière se trouvait devant la maison ; de là l'utilité de la différence de niveau entre celle-ci et la cour.

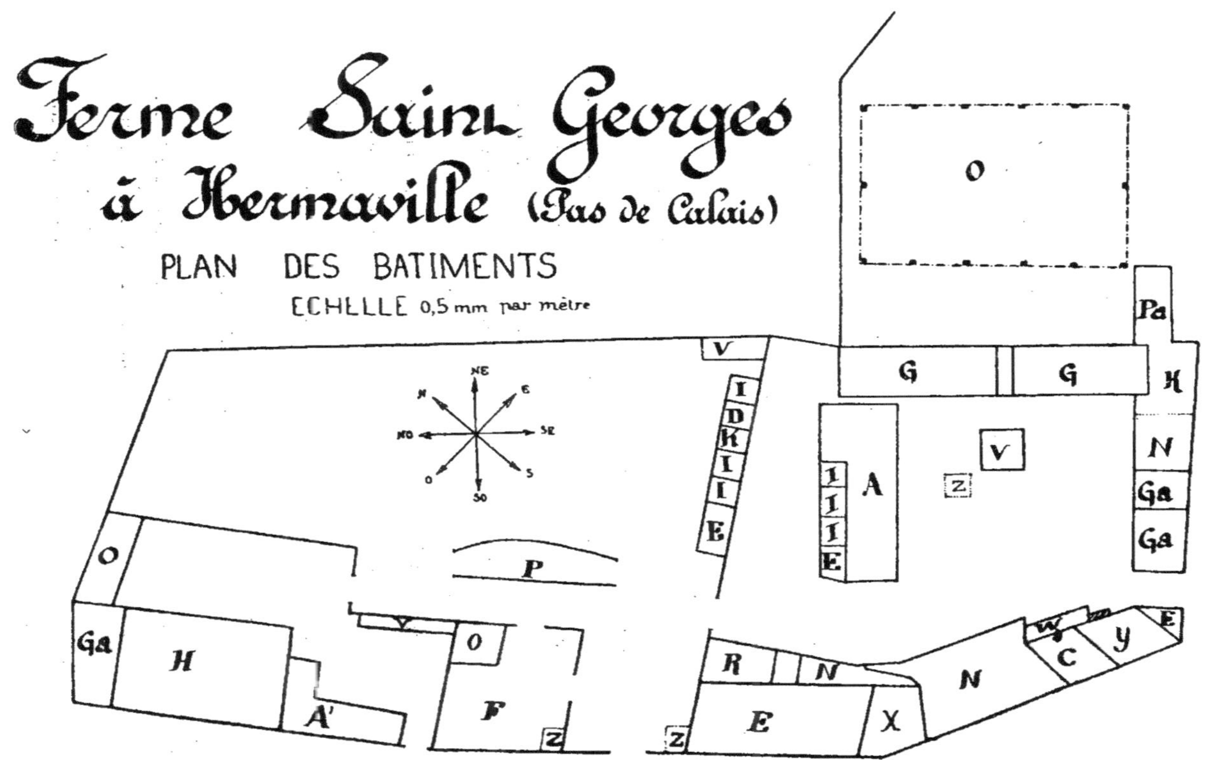
Ferme Saint Georges
à Hermaville (Pas de Calais)
PLAN DES BATIMENTS
ECHELLE 0,5 mm par mètre
N
NE
E
SE
S
SO
O
NO
O
Pa
G
G
K
N
Ga
Ga
V
Z
A
I
I
I
E
V
I
D
K
I
I
E
P
O
Ga
H
A'
O
F
Z
Z
R
N
E
X
N
C
Y
E

A Maison d'habitation de l'exploitant.
A' Maison d'habitation du berger.
C Fournil.
D Débarras.
E Ecuries.
F Fumière.
G Vacheries.
Ga Etables.
H Bergerie.
I Porcheries.
K Salles de rations.
N Granges.
O Hangars.
P Silo à pulpes.
Pa Silo à betteraves.
R Remise.
V Poulaillers.
W Abreuvoir.
X Réserve à pommes de terre.
Y Atelier mécanique.
Z Fosses à purin.

Les fenêtres du rez-de-chaussée ne donnent que sur le côté Sud-Est de la cour, et l'on ne peut de là surveiller que l'entrée principale, avec les vacheries et les étables. A la maison sont adossées de petites constructions comprenant les porcheries et une écurie auxiliaire ; on ne s'explique guère, du reste, la raison qui a poussé à l'établissement de ces locaux, qui produisent de l'humidité et donnent souvent de mauvaises odeurs. On doit, il est vrai, les faire disparaître sous peu, pour les remplacer d'un côté par une salle commune pour les ouvriers et de l'autre par un bureau pour le fermier ; on aura en outre l'avantage de pouvoir ouvrir une baie donnant sur la partie Nord-Ouest de la cour, et permettant une surveillance plus facile.

La maison se compose, au rez-de-chaussée, de trois grandes pièces : salle à manger, salon et cuisine, d'une entrée et d'une laverie ; au premier étage, les chambres à coucher pour le fermier et sa famille, et dans un second étage mansardé, des chambres pour les domestiques.

Dans un sous-sol, on a installé la laiterie, qui est formée d'une grande pièce cimentée, dont le sol a une légère pente vers un syphon, pour permettre un nettoyage facile ; le plafond est voûté. L'aération est donnée par un soupirail et par la porte, l'éclairage est assuré par l'électricité. Cette laiterie comprend deux pièces ; dans la plus vaste se trouvent : un bac en fer que l'on remplit d'eau et où l'on met le lait au frais après le passage au réfrigérant, une écrémeuse, une baratte et un malaxeur, ces trois derniers appareils mus électriquement; la seconde partie de la laiterie est formée par une sorte de cave voûtée qui est utilisée pour placer le beurre après sa fabrication.

ÉCURIES

Nous avons quatre écuries, dont deux petites servent surtout d'infirmerie, et tout particulièrement lors des poulinages. Ces deux écuries sont à peu près semblables ; ce sont de petites pièces ayant $6^m \times 6^m$, avec une hauteur de plafond de 3^m50.

L'éclairage et l'aération y sont donnés par la porte, qui peut s'ouvrir en deux parties, une section étant faite horizontalement à 1^m50 du sol. Ces écuries comportent une auge en ciment et un râtelier. On y laisse ordinairement les animaux en liberté, mais on pourrait en attacher trois dans chaque écurie, à des anneaux fixés aux auges.

La troisième écurie est placée près de la porte d'entrée de la cour principale ; elle ne comprend que la place d'un cheval et est utilisée pour l'étalon.

Enfin, l'écurie principale se compose d'un bâtiment en longueur, où les animaux sont placés la tête au mur, sur un rang, dans douze stalles et un box pour deux chevaux.

Ce bâtiment a 22^m de longueur sur 6^m50 de largeur ; le plafond en est fait par des voûtes de briques situées à 3^m50 du sol ; le sol est de ciment ; il est légèrement incliné vers une rigole placée entre les stalles et le couloir de service, et qui est reliée à une fosse à purin par un syphon.

La porte est à glissière et a 3^{m} de largeur ; elle est précédée d'un auvent vitré qui permet de passer dans une petite grange voisine, où est la réserve de paille, et dans la remise qui lui fait pendant, sans avoir besoin de se mouiller les pieds par temps de pluie. Cet auvent protège du reste l'entrée de l'écurie des intempéries.

L'aération est donnée, ainsi que l'éclairage, par la porte et par une série de six lucarnes en forme de demi-lune, qui sont placées à deux mètres du sol, et dont la vitre s'ouvre de façon à ne pas envoyer l'air directement sur les chevaux.

Les mangeoires sont constituées par des auges en ciment et des râteliers en barreaux de fer.

Les stalles ont chacune comme dimensions : longueur (y compris celle de l'auge) : 3^{m}50 ; largeur : 1^{m}80.

Chaque attelée est isolée de ses voisines par des cloisons fixes en tôle, hautes d'environ 1^{m}75 ; les chevaux de la même attelée ne sont séparés que par des bat-flanc mobiles en bois, que tient une chaîne munie d'une sauterelle.

Le box qui se trouve dans l'écurie est à l'extrémité de ce local ; il a 3^{m} $\times$ 3^{m}50 et est fermé par des cloisons de bois de 1^{m}50 de hauteur et dont la partie supérieure est munie de barreaux de fer.

Le couloir de service derrière les chevaux a 3^{m} de largeur ; il comprend, à l'extrémité opposée au box, le coffre à avoine, et le long du mur se trouvent accrochés sur des socles de bois les harnais des chevaux, chaque bête ayant son harnachement complet derrière sa stalle.

Ce couloir est assez large pour permettre d'entrer chaque matin dans l'écurie un petit traîneau attelé d'un cheval et qui sert à transporter le fumier jusqu'à la fumière.

L'écurie est surmontée d'un fenil avec lequel elle communique par une trappe.

VACHERIES

Les vacheries sont au nombre de deux ; elles sont séparées l'une de l'autre par l'escalier du grenier à grains, mais sont construites dans le prolongement l'une de l'autre et sur le même modèle, c'est-à-dire vacherie à un rang, avec les bêtes tête au mur. Alors que l'une peut contenir dix-huit bêtes, l'autre n'est destinée qu'à en recevoir quatorze.

Le bâtiment qui les contient n'a que 5^{m} de largeur et sur toute sa longueur comprend un couloir de service derrière les bêtes.

Le plafond est fait de voûtes de briques et est à 3^{m}50 du sol ; ce dernier est en briques et légèrement incliné vers une rigole servant à l'évacuation des liquides excrémentiels vers la fosse à purin qui existe près de la vacherie. Chaque vacherie possède deux portes extérieures de 1^{m}50 de largeur, formées de deux panneaux indépendants et, par suite, pouvant former fenêtre d'aération.

En effet, l'aération n'est fournie que par ces portes et par des bouches d'aération placées à 2^{m}50 du sol.

Le mobilier est composé d'auges en ciment, dont le rebord est à 0^{m}50 du sol, et de râteliers en fer placés à 1^{m} du sol. On n'a guère à craindre l'ensellement des vaches, qu'on attribue souvent, et à juste raison, à l'emploi des râteliers pour les étables, et les bêtes ont moins de facilité pour gâcher le foin qu'on leur donne.

Les vaches sont séparées entre elles par un petit bat-flanc en tôle, afin qu'elles ne puissent pas manger la ration placée dans l'auge de leur voisine. Chacune d'elles a droit à une largeur de 1^{m}50.

Malheureusement, à cause de la construction ancienne de ce bâtiment, on n'a pas eu la possibilité de lui adjoindre une salle de rations, et celle-ci, aussi bien que la fumière, sont assez éloignées des vacheries, ce qui nécessite une main-d'œuvre supplémentaire pour la distribution de la nourriture et l'enlèvement des fumiers.

ÉTABLES

Nous trouvons, dans le prolongement des vacheries, l'étable pour les deux taureaux. Le local, qui a 5^{m} $\times$ 4^{m}, présente une disposition semblable à celle des logements destinés aux vaches.

Il existe aussi deux petites étables pour les élèves bovins ; ceux-ci peuvent y être placés sur deux rangs, tête au mur, avec un passage de 1^{m}50 entre chacune des rangées d'animaux. Chacune de ces étables peut recevoir dix à douze jeunes bovins. Il existe en outre dans les herbages des abris assez vastes pour pouvoir loger les élèves pendant la mauvaise saison.

SALLE DES RATIONS

Cette pièce est comprise dans l'angle formé par les vacheries et les étables. Elle contient un coupe-racines et communique par une porte intérieure avec le silo à betteraves. Lorsque le mélange est fait dans cet endroit, entre la menue-paille, qui est en réserve dans le grenier surplombant la salle des rations, et les betteraves ou pulpes, on doit sortir pour porter les paniers de provende à l'aide de brouettes, car il n'existe pas de communication autre que la cour pour aller dans les vacheries et étables. Aussi la distribution de la nourriture est-elle assez difficile.

PORCHERIES

Les porcheries d'engraissement se composent de petites loges de $3^m \times 3^m$, aérées seulement par une porte-fenêtre. Le sol et les murs y sont enduits de ciment. Un écoulement est assuré pour les urines. Le mobilier est simplement composé d'une auge en ciment, située au ras du sol.

GRANGES ET DIVERS

On trouve encore dans la première cour deux granges, utilisées seulement pour rentrer l'avoine qui sera battue l'hiver ; un atelier pour la réparation du matériel de ferme ; une pièce servant à conserver les pommes de terre ; un ancien fournil et une énorme tour carrée, servant à la fois de poulailler, pigeonnier et porcherie.

GRENIERS — FENIL

Le dessus des vacheries est occupé par deux greniers. Dans le premier, on place les réserves de semences ou de grains pour la vente ; dans le second, où se trouvent un brise-tourteaux, un aplatisseur à avoine et un moulin, on fait les mélanges de nourriture sèche pour les animaux et on emmagasine l'avoine, l'orge, les tourteaux, les drèches de manioc et la paille mélassée, qui devront constituer cette nourriture. Les écuries et étables sont surmontées par des fenils.

BERGERIES

Dans une cour spéciale, séparée de la ferme proprement dite par un petit mur surmonté d'une grille, se trouvent les bergeries, près desquelles nous voyons deux logements, l'un pour le berger et l'autre pour un ouvrier de l'exploitation.

Les bergeries sont constituées par un bâtiment de 25^{m} de longueur sur 15^{m} de largeur, construit en pierre de taille, sans grenier, et couvert de plaques de fibro-ciment. On y accède par deux portes à glissière, ayant chacune 3^{m} de largeur. L'aération est donnée par des lucarnes en forme de demi-lune, placées à 1^{m}75 du sol, et par conséquent n'envoyant pas l'air sur les animaux. Le sol est cimenté, avec une légère pente vers le milieu du bâtiment.

Ce grand local est séparé en quatre bergeries par des crèches en bois et fer, ayant environ 1^{m} de hauteur, et qui sont mobiles. L'entrée des bergeries est possible grâce à un système de portillons séparant chaque porte en deux parties.

On a un désavantage à n'avoir pas de grenier au-dessus de la bergerie, tout d'abord parce qu'à cause de son éloignement de la ferme on aurait avantage à y entasser du foin et de la paille, et en outre parce que, à cause des dégagements gazeux formés par les fumiers et l'haleine des moutons, la charpente en bois ruisselle souvent d'eau et se détériore.

A côté des bergeries, il y a un hangar pour faire les mélanges de nourriture pour les moutons et une petite étable dont l'office est de service d'infirmerie pour les moutons, mais qui est le plus souvent utilisée pour rentrer pendant l'hiver de jeunes bovins.

HANGARS

Derrière la ferme a été construit, il y a quelques années, un hangar pour les récoltes, comprenant cinq travées. Il est formé de poteaux et de fermes en bois et couvert de tuiles. Il a 10m de largeur sur 36m de longueur ; il est protégé de chaque côté par un avant-toit muni de gouttières.

BATIMENTS DIVERS

On utilise encore des bâtiments anciens situés à proximité de la ferme, pour ranger les machines agricoles et les véhicules, et mettre en réserve les engrais.

Fosse à pulpes et silo à betteraves

Le silo à betteraves est formé par une petite bâtisse voisine de la salle des rations, et qui se trouve en contre-bas de la route ; son toit n'est constitué que par des plaques de tôle ondulée ; aussi se contente-t-on d'enlever quelques-unes de ces plaques et de déverser dans le silo les chariots de betteraves et de rutabagas. La main-d'œuvre est par suite très simplifiée, car il suffit, à mesure qu'on vide les chariots, d'étaler à peu près régulièrement les racines, qu'on recouvrira d'une couche de paille, afin de compléter le silo jusqu'au toit ; ainsi, l'air aura peu d'action sur les racines.

La fosse à pulpes est simplement formée par un trou de 5^m de largeur sur 15^m de longueur, creusé à même la terre dans la cour qui est entre la ferme et la bergerie. Les pulpes y sont déversées et s'y tassent d'elles-mêmes ; on ne prend même pas la peine de les recouvrir de paille, pour simplifier la main-d'œuvre, la partie oxydée à l'air n'étant que très minime.

Fumière

La fumière est placée dans la cour qui relie la bergerie à la cour de la ferme. Elle est malheureusement un peu trop éloignée de la vacherie et des étables.

Elle est constituée par une fosse carrée dont le fond est cimenté, et affectant la forme d'une pyramide renversée, de façon à ce que le purin puisse s'écouler vers la partie centrale et par suite dans la fosse.

Cette fumière est entourée d'un mur de 0^{m}25 de hauteur, surmonté de barrières en fer, et où sont laissés deux passages. Un coin du carré formé par la fosse est couvert par un abri en bois. Cette disposition avait été prise pour placer des animaux sur la fumière, pour faciliter le tassement du fumier. On n'a guère recours à ce procédé, car pendant le temps où les prairies sont bonnes, on y laisse tous les bovins, et quand on rentre ceux-ci, par conséquent au moment où l'on pourrait laisser les jeunes sur la fumière, on pratique souvent le charroi des fumiers. Il est dommage que l'on ne puisse appliquer souvent ce mode d'amélioration du fumier.

Eau

Nous avons dit plus haut que l'eau nous est fournie par un puits, au moyen d'une pompe électrique alimentant un château d'eau. Grâce à ce procédé, l'eau est distribuée sous pression dans toute la ferme.

Cependant, on peut regretter que par suite des séparations existant dans les auges des vacheries, on ne puisse alimenter les bovins autre part qu'à l'abreuvoir qui se trouve dans la cour et qui, en hiver, est souvent couvert de glace.

Force motrice. — Eclairage

Un secteur électrique, venant de Béthune, dessert toute notre région et y fournit à la fois force motrice et éclairage.

La force motrice est donnée par un moteur de 10 ch. pour la batteuse, et trois moteurs de 4 ch. pour aplatisseur, moulin, etc., laiterie et coupe-racines, et un moteur de 6 ch. pour la pompe à eau.

L'éclairage des divers bâtiments et de la cour se fait à l'aide de la lumière électrique.

Deuxième Partie

SYSTÈME CULTURAL

Nous sommes loin d'être ici dans la meilleure partie de l'Artois, quant à la valeur culturale du sol, et nous voyons, bien au contraire, les prairies naturelles et artificielles prendre le pas sur les plantes racines et les céréales.

Comme nous l'avons vu précédemment, en effet, la couche arable est très mince, et rares sont les terres assez profondes pour donner de bons résultats avec les betteraves ; c'est pourquoi en bien des cas on leur préférera les légumineuses, dont les racines ne craindront pas le contact de la craie, et iront au contraire y puiser l'humidité nécessaire à leur vie pendant la saison chaude. Les genres d'assolements suivront donc l'influence de cet état de choses.

Nulle part ne peut mieux s'appliquer qu'ici d'adage suivant :

Si tu veux des blés, fais des prés.

Et, pour citer quelques lignes d'Albert Demangeon (1), nous dirons avec lui que, dans le canton d'Aubigny, « les pâtures se groupent autour des villages qu'elles bordent d'une zone verdoyante ; parfois, elles envahissent les champs ».

---

(1) A. Demangeon, « La Picardie et les régions voisines ».

CHAPITRE PREMIER

ASSOLEMENT

Partout où on le pourra, on suivra un assolement triennal. A cause de la diversité des terrains, on a adopté les trois genres d'assolements suivants :

1° Sur 24 hectares, qui sont sur les limons des plateaux assez épais et à proximité de la sucrerie de Savy-Berlette, on suit l'assolement triennal simple, en trois soles de 8 hectares :

Betteraves	8 ha.
Blé	8 »
Avoine	8 »

Il est à remarquer qu'on ne fait pas de fourrages, mais qu'on arrive cependant à tenir la terre propre par les fréquents binages donnés pour les betteraves. Le fumier y est du reste épandu en abondance, et par suite l'humus y reste toujours suffisamment abondant.

2° 27 hectares de terre sont séparés de la ferme par un bois d'une centaine d'hectares ; il est donc difficile, par suite des frais de transport et de main-d'œuvre, d'y cultiver des plantes nécessitant de fréquents soins d'entretien. En outre, le sol y est peu profond et constitué de limon peu épais ($0^{m}20$ environ), avec un sous-sol crayeux. On ne devra donc pas songer à y cultiver les plantes racines ; c'est pourquoi l'assolement est le suivant :

Minette	7 ha.
Dravière	2 ha.
Blé	9 ha.
Avoine	9 ha.
Hors-sole : pâtures à moutons.	1 ha. 5

Toutes ces terres sont parquées, afin d'éviter le transport de fumier ; de là l'emploi comme fourrages de la minette et de la dravière. La minette sera mangée de très bonne heure, à la sortie du troupeau de moutons, en fin mars, puis on la laissera repousser pour la faire brouter à nouveau en mai. Quant à la dravière, elle sera fauchée en vert au jour le jour par le berger pour ses moutons, afin de faire la transition entre les fourrages et les chaumes. On évite que la dravière revienne trop souvent sur le même sol, en alternant sa culture avec celle de la minette.

On cultive en dravière les terres qu'on n'a ordinairement pas pu semer en minette, soit faute de temps, ou pour avoir la facilité de faire des travaux supplémentaires qui équivaudront à une jachère cultivée, puisque l'on ne sèmera le mélange vesce et avoine qu'en avril.

En cultivant les fourrages, on aura l'avantage de suppléer en partie au manque d'humus du sol, puisqu'on n'y peut faire d'apport de fumier.

Cependant, on fera souvent sur place le battage des céréales récoltées, et la paille sera épandue sur le sol avant parcage ; elle sera ensuite enfouie et rendra au sol la majeure partie de ce qu'elle lui a enlevé.

3° Pour les terres voisines de la ferme, on appliquera aux cultures la rotation suivante, en dix soles de 7 hectares chacune :

I

Rutabaga	3 ha.
Trèfle	3 »
Pommes de terre	1 »
	7 ha.

II

Avoine	3 ha.
Blé	4 »
	7 ha.

III

Blé	3 ha.
Avoine	4 »
	7 ha.

IV

Betteraves	6 ha.
Pommes de terre	1 »
	7 ha.

V

Blé	7 ha.

VI

Avoine	7 ha.

VII

Luzerne	7 ha.

VIII

Luzerne	7 ha.

IX

Blé	7 ha.

X

Escourgeon	7 ha.

Les successions y sont régulières :

1° Plantes sarclées ou fourrage.

2° Blé.

3° Avoine ou escourgeon.

Seules quelques petites questions de détail demandent à être vues de près.

Les rutabagas sont cultivés non pas en tant que plantes dérobées, mais comme les betteraves ; on arrive ainsi à obtenir un rendement supérieur. On cherche à développer ici cette culture, car dans les sols médiocres elle donne de meilleurs résultats que celle de la betterave. De la sorte, on arrivera à réduire de plus en plus l'étendue cultivée en betteraves fourragères, et à les remplacer par des betteraves sucrières et des rutabagas, tout en conservant suffisamment de nourriture pour les animaux de la ferme. En outre, les rutabagas demandent, tant pour les semis que pour l'arrachage, une époque plus tardive que celle de la betterave ; ainsi y aura-t-il meilleure répartition des travaux.

Après rutabagas, on fera toujours de l'avoine, et non pas du blé, car l'arrachage des rutabagas se faisant fort tard en saison, on n'a pas le temps de donner au sol les façons nécessaires pour le semis du blé, alors que pour les semis des avoines de printemps les travaux préparatoires peuvent être faits.

De même, on fait suivre le blé tantôt par l'avoine, tantôt par l'escourgeon, de façon à mieux répartir les semis et les moissons.

En suivant les assolements ci-dessus, nous produisons pour la vente, et par conséquent pour l'exportation des éléments du sol : les blés, une partie de l'avoine et les betteraves sucrières. Les autres produits de la terre sont consommés par les animaux de la ferme, et rendus au sol sous forme de déjections. Or nous avons dit plus haut que nous trouvions ici une ferme mixte, où l'élevage tient une grande place, puisque le cheptel vivant se compose, suivant les années, de :

16 chevaux,
2 à 5 poulains,
32 à 35 bovins adultes,
35 à 45 élèves bovins,
300 à 350 moutons,
15 porcs adultes,
80 à 90 porcelets.

Parmi ces animaux, la majeure partie consomme du foin ou son équivalent en fourrages verts ; seuls les porcs et porcelets peuvent être mis à part, car leur nourriture herbacée est toute spéciale.

Occupons-nous simplement de savoir si le foin produit dans cette exploitation est suffisant pour la période de stabulation des animaux.

Devront servir à cet usage les fourrages suivants :

	EN ANNÉE FAIBLE 1926	EN ANNÉE MOYENNE
Luzerne :		
1re coupe...	2.500×14=35.000 k.	3.500×14=49.000 k.
Regain	1.000×14=14.000 k.	1.500×14=21.000 k.
Trèfle violet :		
1re coupe...	2.000× 3= 6.000 k.	2.500× 3= 7.500 k.
2e coupe...	1.500× 3= 4.500 k.	1.800× 3= 5.400 k.
Regain	500× 3= 1.500 k.	700× 3= 2.100 k.
Total...	61.000 k.	85.000 k.

Or, d'après les chiffres qui seront donnés plus loin, la consommation annuelle des animaux, en foin, pendant la stabulation, est au minimum de :

16 chevaux (7 kgs 5 pendant 365 jours)...	43.800 kgs
2 poulains (3 kgs pendant 120 jours)....	720 »
30 vaches laitières (3 kgs pendant 180 j^rs^).	16.200 »
2 taureaux (6 kgs pendant 365 jours)...	4.380 »
300 moutons (0 kg. 400 pendant 120 jours).	14.400 »
	79.500 kgs

C'est pourquoi, avec une récolte déficitaire comme celle de 1926, on a dû avoir recours à des achats de trèfle sur pied sur 2 hectares, ce qui a donné un supplément d'environ 24.000 kgs de foin et a permis de nourrir le bétail. On n'a réussi à avoir assez de foin, même en faisant ces achats, qu'en ne donnant pas de fourrages aux élèves bovins.

On voit donc qu'il serait bon d'augmenter la production en foin de notre exploitation, et pour cela le moyen qui semble le plus simple serait de garder les luzernes trois ans au lieu de deux. On serait certes obligé de réduire légèrement, par conséquent, la production des céréales et plantes racines.

D'autre part, il existe environ 1 ha. 5 de terres qui ne sont pas cultivées et où pousse une herbe maigre qui sert de pâture aux moutons. Ces terres sont laissées incultes parce qu'elles sont situées au flanc d'un côteau, à un endroit où la craie est affleurante et où une mince pellicule forme seulement la couche arable. Or il serait, je crois, préférable, au lieu de se contenter de la maigre pâture que fournit ce sol, d'essayer d'y faire venir le lotier corniculé. Il est probable que l'on n'obtiendrait pas de rendements merveilleux, mais ceux-ci seraient de beaucoup supérieurs à la production spontanée de l'herbe.

De cette façon, on pourrait faire pâturer les moutons sur cette lotière pendant un temps plus long que celui qu'ils passent à brouter l'herbe peu abondante qui existe à l'heure actuelle, et cela permettrait de faire d'un autre côté quelques économies en foin, ce qui ne serait pas à dédaigner. On pourrait ainsi, par exemple, faire sécher et rentrer une petite partie de la récolte de dravière, fourrage qui conviendrait aussi bien aux chevaux qu'aux bovins.

En résumé, nous aurions donc deux moyens d'augmenter sensiblement la production fourragère de la Ferme Saint-Georges.

Il est vrai que l'on trouve, chaque année, à acheter sur pied des fourrages, à de petits exploitants qui ne cultivent ces plantes que pour suivre un assolement régulier et n'ont pas de bétail ; mais il vaut mieux compter sur ses propres produits que sur ceux des voisins.

CHAPITRE II

CULTURES

§ 1. — **Betteraves**

Si toutes nos terres étaient assez profondes et riches, on devrait chercher à intensifier la culture des betteraves, mais là n'est pas le cas.

On est donc obligé de restreindre cette culture sur une partie du domaine composée essentiellement de sols profonds et qui, par leur situation par rapport aux routes, permettent le transport facile jusqu'à la sucrerie ou jusqu'aux bâtiments de la ferme.

On a le grand avantage d'être à proximité de la sucrerie coopérative de Savy-Berlette, dont certaines terres ne sont distances que de 2 kilomètres, aussi le transport des racines, bien qu'assez difficile à cause des ondulations de terrains et de chemins boueux de l'hiver, n'est-il pas trop long à effectuer.

C'est en 1901 que le Syndicat agricole de Saint-Pol fonda une coopérative de production pour la transformation industrielle des betteraves à sucre et la vente de ses produits.

« La Coopérative de Savy-Berlette n'est pas une société commerciale, mais une simple association entre les membres d'un syndicat agricole », nous disent MM. Malpeaux et Malotet, dans *l'Agriculture de la région du Nord.*

Cette coopérative comprend environ 1.200 membres, dont chacun s'engage à planter en betteraves, chaque année, un minimum d'une mesure (42 ares 91) par part coopérative, et à en livrer les produits à l'usine.

Cette sucrerie a établi quatorze bascules dans la région et un poste de réception avec bascule à l'usine même.

Le prix des betteraves fournies est alloué aux coopérateurs au prorata de leur production, d'après les prix de vente des sucres. Chaque coopérateur, ayant payé pour l'achat des parts une somme de 250 francs, touche un intérêt proportionnel qui est prévu dans le budget corporatif, aussi bien que les frais de transformation des betteraves en sucre et de culture pour les quelques hectares appartenant à la sucrerie et qui sont essentiellement cultivés en betteraves et en céréales.

Chaque producteur s'engage à suivre le mode d'achat et les conditions imposées par la sucrerie, dont il n'a pas à se plaindre du reste, puisqu'il a intérêt à ce que les rendements en sucre soient les meilleurs.

L'achat est fait au poids net, c'est-à-dire avec déduction de tare, sans augmentation pour les hautes densités. La graine est fournie par la sucrerie.

Les betteraves gelées, montées, ou dont la densité est inférieure à 7°5, pourront être refusées ou subir une tare supplémentaire, au choix de la direction.

Les betteraves livrées au début de la réception bénéficieront d'une prime supplémentaire.

Le port des betteraves et pulpes est supporté par la coopérative pour les planteurs résidant dans l'arrondissement de Saint-Pol ; pour ceux habitant hors de cet arrondissement, les frais supplémentaires de transport, si ces frais dépassent le prix le plus élevé payé par un associé résidant dans ledit arrondissement, seront à la charge des susdits producteurs. Pour les frais supérieurs à 30 %, le supplément de transport est supporté par le planteur.

Les pulpes sont livrées en gare, à raison de 50 % du poids de betteraves fournies, au prix de 22 francs les 1.000 kgs pour 1926 ; des suppléments de pulpes peuvent quelquefois être obtenus, mais à un prix plus élevé, et proportionnellement aux quantités demandées par les autres associés.

C'est ainsi qu'on est arrivé, dans l'arrondissement de Saint-Pol, à développer, malgré la qualité souvent médiocre des terres, la production de la betterave sucrière, grâce à la coopération de tous les planteurs, et par suite à leur grand avantage, en supprimant les différends nombreux qui existent souvent entre les planteurs et les fabricants de sucre.

On voit que la culture des betteraves sucrières a le double avantage ici de fournir le sucre et les pulpes pour les animaux, alors que les betteraves demi-sucrières ne servent qu'aux animaux, et, bien que supérieures aux pulpes pour le bétail, reviennent à un prix beaucoup plus élevé, puisque les engrais, façons culturales, frais d'arrachage et de transport sont les mêmes que pour les betteraves sucrières.

C'est pourquoi, alors que les années précédentes les betteraves sucrières n'occupaient que 4 à 5 hectares et les betteraves demi-sucrières 8 hectares environ, on a semé cette année 8 hectares de sucrières et 6 hectares de demi-sucrières. Et on aura certainement tendance à rechercher plus attentivement qu'on ne l'a fait jusqu'alors les terres pouvant avantageusement porter des betteraves, de façon à augmenter la production.

Nous ne ferons donc pas d'étude comparée pour chacune de ces variétés de betteraves.

ENGRAIS

On place les betteraves en première sole, aussi leur donne-t-on une fumure de 40.000 kgs de fumier de ferme, qui est épandue en septembre-octobre, et binotée aussitôt après l'épandage ; en décembre, on fait passer le canadien deux fois, avant d'enfouir complètement par un labour d'hiver de 20 centimètres.

En outre, au moment des semailles, on ajoute au sol 1.000 kgs par hectare d'un mélange d'engrais composé de :

300 kgs de superphosphate, ou de scories de déphosphoration,
300 kgs de sulfate d'ammoniaque,
400 kgs de sylvinite riche.

Enfin, on épand en couverture 100 kgs de nitrate de soude par hectare.

Pour les terres voisines de la sucrerie, on emploie des écumes de défécation à raison de 10 tonnes à l'hectare tous les six ans. Mais cette pratique n'a lieu que là où le transport est facile, c'est-à-dire sur 24 hectares seulement ; dans le reste des terres, les amendements calcaires, bien que nécessaires, ont dû être négligés depuis la guerre, faute de main-d'œuvre. Les années où l'on pratique l'épandage des écumes de défécation, les engrais apportés au sol sont moins abondants.

PRÉPARATION DU SOL

Après l'épandage des engrais, on passe le scarificateur et tout de suite avant le semis on fait trois extirpages, deux roulages et un émottage, de façon à ce que le sol soit bien pulvérisé et bien tassé.

SEMIS

On sème les graines à l'aide d'un semoir à cinq rangs, en lignes espacées de 42 centimètres les unes des autres, dès que les gelées ne sont plus à craindre et en échelonnant les semis du 15 avril au 15 mai. La graine de betterave est fournie par la sucrerie pour les betteraves sucrières, et par la maison Florimond-Desprez pour les demi-sucrières.

Les graines fournies par la sucrerie sont composées d'un mélange où domine la Klein-Wansleben et la Vilmorin ; elles ont été payées, en 1927, 7 francs le kg. Celles des demi-sucrières sont de la variété à collet rose.

La quantité de semence employée est de 22 kgs environ, pour les betteraves sucrières, et 25 kgs pour les betteraves demi-sucrières.

SOINS DE VÉGÉTATION

Aussitôt la levée, on exécute un binage entre les lignes, à la houe à cheval, pour détruire les herbes et aérer la terre. Ce premier binage est suivi d'un roulage.

Dès que les plantes ont quatre feuilles (c'est-à-dire du 15 mai au 15 juin), a lieu le démariage. Les ouvriers passent entre les lignes et suppriment les betteraves qui sont trop drues, à l'aide d'une binette ; ils doivent laisser sept betteraves aux deux mètres, soit un espacement de 0m35, ou un pied, entre les racines, en gardant de préférence les plants les plus vigoureux. Ce travail demande à être fait régulièrement et nécessite une grande surveillance ; il est fait à la tâche et comprend en outre un binage. Ces deux travaux ont été payés, en 1926, 350 francs l'hectare.

Quand les betteraves sont plus fortes, dans le courant de l'été, on donne au moins deux binages à la houe à cheval, pour ameublir le sol et détruire les mauvaises herbes poussées entre les lignes ; on a même parfois recours, quand la main-d'œuvre est suffisante, à un binage à la main.

ARRACHAGE

On a ici l'habitude de commencer l'arrachage des betteraves le dernier lundi de septembre.

Les ouvriers doivent arracher et décolleter les betteraves, les mettre en tas et les couvrir de feuilles le soir ; ils doivent en outre aider au chargement des racines dans les chariots servant au transport.

On avait essayé une arracheuse mécanique à un rang, mais son manque de régularité dans le travail a fait revenir à l'arrachage à la main.

L'arrachage se fait à la tâche, par des équipes d'ouvriers étrangers, qui ont reçu pour ce travail, en 1926, 375 francs par hectare.

RENDEMENT

Le rendement a été faible en 1926, à cause de la sécheresse de l'été et du grand nombre de betteraves montées. Il a été de 25.000 kgs à l'hectare pour les betteraves sucrières, au lieu de 31.000 kgs en 1925, et de 45.000 kgs à l'hectare pour les betteraves demi-sucrières, contre 52.000 kgs en 1925.

TRANSPORT ET VENTE

Le transport des racines est fait à l'aide de chariots à quatre roues, attelés de quatre chevaux; les chariots apportent souvent à leur retour des pulpes ou des écumes de défécation.

La vente est faite au poids net reconnu à la bascule de l'usine, avec déduction de tare.

Les betteraves sont payées en deux fois :

Un acompte des 2/3 de leur prix en février ;

Le reste au mois de juillet.

CONSERVATION DES PULPES ET BETTERAVES

Les pulpes sont placées dans une fosse creusée en pleine terre, et dont il a été parlé plus haut. Elles sont déversées directement des chariots et se tassent d'elles-mêmes par suite de leur poids, pour ne former bientôt qu'une seule masse. On ne juge pas utile de recouvrir la fosse ; une mince pellicule de son contenu se trouve seulement altérée à l'air, mais sa valeur est certainement inférieure au prix de la main-d'œuvre que nécessiterait sa couverture à l'aide de paille. Les pulpes seront prises à mesure des besoins en tranchant leur masse verticalement.

Les betteraves sont conservées, ainsi que les rutabagas, dans le silo dont il est question au chapitre « Bâtiments ».

§ 2. — **Pommes de terre**

La culture des pommes de terre se faisait autrefois sur 3 à 4 hectares dans l'exploitation qui nous occupe, principalement sur les terres qui sont argilo-calcaires ; mais partout où l'on a pu, on a remplacé cette plante par les betteraves. On ne fait plus cette culture que pour la consommation des habitants de la ferme et des ouvriers agricoles.

On a, peu à peu, préféré les betteraves aux pommes de terre pour deux raisons : tout d'abord, parce que le débouché était plus facile pour les betteraves, et qu'avec des frais culturaux à peu près équivalents on obtenait un revenu plus grand avec les betteraves et, en outre, une nourriture plus abondante pour les animaux ; enfin, on remarque sans peine qu'entre des céréales cultivées après betteraves et après pommes de terre, dans les mêmes conditions de sol, de climat et d'engrais, celles qui réussissent le mieux et avec le moins de crainte de verse sont celles semées après betteraves.

ENGRAIS

On plante les pommes de terre après deux céréales, suivant les betteraves fumées ; aussi ne forcera-t-on pas la dose de fumier ajouté au sol, et se contentera-t-on de 30 à 35.000 kgs de fumier par hectare. Ce fumier sera enfoui de bonne heure, c'est-à-dire par un labour d'hiver, en décembre.

Les terres étant en général un peu argileuses, on ne leur donne pas d'engrais chimiques azotés et on leur incorpore une assez forte dose d'anhydride phosphorique et de potasse, pour que la maturité soit hâtive. Pour cela on ajoute au sol, en faisant les façons de printemps, un mois environ avant la plantation : 400 kgs de superphosphate et 400 kgs de sylvinite riche par hectare.

PRÉPARATION DU SOL

On cherche à avoir une terre bien « démolie », c'est-à-dire sans gros blocs ; pour cela, on fait un labour profond et des façons multiples : deux ou trois extirpages, deux hersages, deux roulages et au moins un émottage.

PLANTATION

Les variétés cultivées cette année ont été :

L'Etoile du Nord, rouge à chair jaune,

La Kemmel, jaune à chair blanche.

On emploie comme plant, par hectare, environ 1.500 kgs de tubercules de 60 grammes.

On plante les pommes de terre au mois d'avril, le plus tôt possible, dès que les froids ne sont plus à craindre et que la terre est un peu ressuyée.

Pour la plantation, on trace à la charrue un rayon de 6 à 8 centimètres de profondeur, puis un second sillon au fond duquel on place les tubercules ; on les recouvre par un troisième sillon. Ainsi sont-ils plantés toutes les deux raies de charrue. On laisse entre les lignes un espace d'au moins 0m60, et les plants sont espacés de 0m45, mesure que les planteurs arrivent facilement à observer en se basant sur leurs pas.

SOINS DE VÉGÉTATION

Aussitôt après la plantation, on nivelle le terrain par l'emploi de l'émotteuse.

Dès que les pommes de terre lèvent, trois semaines environ après la plantation, on fait le plus souvent deux binages pour enlever les herbes, et quand les tiges sont assez fortes (à peu près 20 centimètres), on passe le binot pour butter, afin de préserver les tubercules formés de l'action solaire, de les aérer et de faciliter l'arrachage, en ayant soin de ne pas toucher les tubercules ni les racines déjà formées.

ARRACHAGE

Les pommes de terre des variétés employées ici sont mûres vers le commencement d'octobre ; dès qu'on s'est rendu compte que la maturité est suffisante, on procède à l'arrachage.

L'arrachage se fait à l'aide d'une arracheuse à fourches emmanchées passant par un collier et animées d'un mouvement de rotation leur permettant de souler les tubercules et de les projeter avec la terre à une assez grande distance.

Si le temps le permet, on laisse les tubercules se ressuyer un peu au soleil avant de les ramasser ; sinon, on les ramasse aussitôt après le passage de l'arracheuse ; en tous cas, on ne les laisse jamais passer la nuit dehors. Une équipe de femmes est chargée du ramassage. Le travail est d'autant plus long que le système d'arracheuse employée projette la terre avec fanes et tubercules. Les femmes ramassent les pommes de terre dans des paniers et vident ceux-ci dans des sacs disposés à cet effet de place en place dans la pièce ; le soir, une voiture vient chercher tous les sacs de tubercules.

Les sacs de pommes de terre sont vidés, à leur arrivée à la ferme, dans un local où les tubercules sont étalés en couches peu épaisses.

Lorsqu'ils sont bien secs, on les passe au trieur; les petits sont mis de côté pour la nourriture des porcs, les autres sont placés dans un cellier en attendant leur consommation.

Le rendement moyen a été, pour 1926, de 18.000 kgs à l'hectare.

On conserve chaque année une partie du plant nécessaire pour la plantation suivante.

§ 3. — Rutabagas

On cherche à étendre la culture des rutabagas, à la place des betteraves demi-sucrières, qu'on arrivera peu à peu à faire disparaître des cultures ; les rutabagas ont, en effet, deux avantages sur les betteraves demi-sucrières : ils sont semés plus tard et, par suite, permettent de mieux répartir les travaux de semis ; en outre, pour la même quantité d'engrais et des soins culturaux équivalents, ils donnent de meilleurs rendements et sont aussi appréciés du bétail ; enfin, ils permettent d'utiliser des terres où les betteraves viennent difficilement.

La variété cultivée est celle à chair jaune et à collet rouge.

PRÉPARATION DU SOL ET ENGRAIS

On prépare le sol comme pour les betteraves.

Les engrais employés sont les mêmes que pour les betteraves.

SEMIS

On sème vers la mi-juin, à raison de 3 kgs de graines à l'hectare, en lignes espacées de 42 centimètres.

Les soins de végétation sont les mêmes que pour la betterave (démariage, binages).

ARRACHAGE

L'arrachage se fait lorsque l'on a fini celui des betteraves, les rutabagas étant peu sensibles aux faibles gelées.

Le rendement a été, pour 1926, de 55.000 kgs par hectare.

§ 4. — **Blé**

Jusqu'à présent, le blé a été la plus importante culture de la ferme, puisque nous voyons qu'il occupe à peu près un tiers des terres de culture.

La semence est renouvelée chaque année en grande partie.

Dans les trois assolements suivis, nous voyons que le blé vient après plantes sarclées (betteraves, pommes de terre) ou « défrichement » de trèfle, de minette, ou de luzerne, et même après avoine, lorsque cette plante a été précédée de rutabagas.

Le trèfle, ne durant qu'un an, ne laisse que peu d'engrais organiques au sol ; la luzerne, conservée deux ans, en donne un peu plus. La minette est toujours parquée par les ovins ; aussi, outre les éléments naturels qu'elle laisse au sol, enfouit-on les excréments des ovins.

On ne fait pas de semis de blé sur rutabagas, de façon à ce que ces semis ne soient pas trop tardifs ; c'est pourquoi, après cette racine, on cultive une avoine de printemps, suivie d'un blé.

Les blés sont semés suivant la rotation régulièrement établie ; cependant, on cherchera peut-être dans l'avenir à en diminer la superficie, car on manque de fourrage, et il serait bon de conserver les luzernes trois ans, au lieu de deux, ce qui entraînerait une diminution de la culture des céréales, et, en tout premier lieu, du blé.

Les blés sont cultivés comme blé de semence pour les maisons Florimond-Desprez et Raoul Lemaire ; de là le grand soin de cette culture.

VARIÉTÉS

On a cultivé, en 1925-26, les variétés suivantes : *Japhet, Trésor, Dattel, Hybride des Alliés* et *Hybride Inversable.*

Sur ces cinq variétés, deux ont été semées de nouveau pour la récolte 1927 : le *Japhet* et le *Hâtif Inversable,* auxquels on a adjoint le *Jaune précoce.*

La production de la graine de semence est fonction de la variété, aussi bien que du sol et des conditions climatériques ; c'est pourquoi certaines variétés qui avaient été cultivées l'an dernier ne le sont plus cette année. Il est à remarquer que nous ne sommes pas sur des terres de toute première qualité, et que les blés qui exigent des sols riches réussissent difficilement, par exemple, le *Trésor,* le *Dattel,* le *Blé des Alliés,* alors les moins exigeants, donnent de meilleurs résultats : *Japhet, Hybride Inversable, Jaune précoce.*

PRÉPARATION DU SOL ET SEMIS

Labour à 15 centimètres, croskillage.

On sème de la mi-octobre à la mi-novembre, à raison de 180 kgs au début et 200 kgs à la fin des semailles.

ENGRAIS

Sur blés de betteraves, on ajoute en couverture, à la fin de février, 100 kgs de nitrate de soude ; sur blés de pommes de terre, on met 200 kgs de sufate d'ammoniaque.

Pour les blés après luzerne, on donne au sol 300 kgs de superphosphate et 300 kgs de sylvinite riche, alors que pour ceux après parcage sur minette, on n'ajoute que 250 kgs de superphosphate et 250 kgs de sylvinite riche, et que sur les blés après avoine, on épand 200 kgs de sulfate d'ammoniaque, 250 kgs de superphosphate et 250 kgs de sylvinite riche.

SOINS D'ENTRETIEN

Après l'hiver, on passe la herse-bineuse pour aérer le sol ; puis, si la terre est assez sèche, on roule ; on fait ensuite un hersage et un roulage pour enlever les herbes et favoriser le tallage des blés.

On passe sur les blés, quand on le peut, le pulvérisateur à acide sulfurique, pour la destruction des mauvaises herbes.

RÉCOLTE

La récolte se fait vers la fin du mois de juillet, lorsque les blés sont bien mûrs, car il est bon, pour avoir de beaux blés de semence, qu'ils mûrissent sur pied ; c'est pourquoi on évitera les variétés s'égrenant facilement.

La moisson se fait avec deux moissonneuses « Albion » de 1m80 de coupe, et une « Massey-Harris », de 2m10 de coupe. On fait ordinairement marcher les trois machines dans le même champ, en relayant les chevaux et les charretiers pendant les heures de repas, pour ne pas arrêter le travail.

Quand les gerbes sont à terre, une équipe de femmes passe pour en faire des « monts » ou faisceaux de dix bottes, disposées de telle sorte que la dessiccation par le vent soit facile et les grains protégés contre les pluies faibles. Pour favoriser la protection contre la pluie, on fait souvent recouvrir les « monts » à l'aide de trois bottes liées entre elles et formant toit.

Dès que les blés sont secs, on les rentre à la ferme.

Le battage est fait aussitôt après la moisson ; ainsi le travail de manipulation est réduit, on peut livrer plus facilement les semences, et la paille demande moins de place pour être rangée.

BATTAGE

Pour la vente des blés comme semence, il est nécessaire de les livrer le plus tôt possible ; c'est pourquoi le battage se fait en même temps que la rentrée de la moisson.

Nous nous trouvons ici dans une région où les grandes et moyennes exploitations sont rares, et cependant presque tous les cultivateurs ont chez eux une batteuse, presque toujours constituée par un plan incliné qu'actionne un cheval. Il faut ajouter qu'à cause de la disposition particulière des entrées de ferme de cette région, une grosse batteuse ne peut pénétrer dans les cours de ferme. Un essai d'entreprise de battage a été fait dans un village voisin d'Hermaville, il a donné de mauvais résultats pour ces deux raisons.

Nous regrettons cet insuccès, car il serait plus pratique pour nous de pouvoir laisser le battage à un entrepreneur, ce qui permettrait d'employer tous les charretiers et ouvriers de la ferme au fauchage et à la rentrée rapide des récoltes.

La chose n'étant pas possible, on a recours à une batteuse « Merlin », actionnée par un moteur électrique de 10 ch. et pouvant battre, par journée de dix heures, de 80 à 100 quintaux, suivant la densité et le rendement des grains.

La paille obtenue est mise en partie à l'abri sous un hangar, l'autre partie est mise en meule. On aurait, je crois, avantage à presser la paille, ce qui demanderait peut-être un supplément de force motrice et seulement trois ou quatre hommes pour le fonctionnement de la presse, alors que pour faire les meules il faut souvent trois personnes sur la meule et trois ou quatre à terre pour passer les bottes du lieur à la meule.

Le rendement moyen a été très faible en 1926 :

Grains : 22 quintaux avec 78 de densité.

Paille : 38 quintaux.

VENTE

Les blés de semence sont vendus soit à un prix ferme convenu entre marchand et agriculteur, soit à un prix variable avec le cours du jour de la livraison : on a pris, en 1926, le plus souvent comme condition 10 % au-dessus du cours des blés à la Bourse de Paris ou de Lille du mercredi suivant la livraison.

On peut certainement trouver un désavantage à ce genre de vente quand la fluctuation des cours est forte et que les livraisons sont faites au moment de la baisse ; mais on a par contre des avantages notables : tout d'abord, la manutention des gerbes est simplifiée puisqu'on ne rentre sous les hangars que la paille battue, le triage des grains n'est fait que par les trieurs de la batteuse.

On n'a pas à craindre les pertes occasionnées par les rongeurs dans les greniers, ni la différence sensible du poids produit par la dessiccation complète des grains ; en outre, le prix de la vente est versé dès la livraison, d'où facilité d'emploi des sommes ainsi reçues pour les achats à effectuer : engrais, machines agricoles et animaux.

On peut objecter que l'emploi des blés mélangés donne de meilleurs résultats quant à la production en grains, car quand l'une des variétés réussit peu, les autres arrivent à combler les pertes, mais le blé ne sera alors vendu que comme blé de meunerie, c'est-à-dire à prix plus faible ; la hausse et la baisse des cours seront encore les facteurs nécessaires d'une bonne ou d'une mauvaise vente.

§ 5. — **Avoine**

On cultive l'avoine pour la nourriture des animaux et pour la vente comme avoine de semence.

La semence est en partie renouvelée chaque année.

On ne cultive que des avoines de printemps : *Pluie d'Or* et *Ligowo blanche,* car les avoines d'hiver réussissent irrégulièrement.

L'avoine vient soit après un blé, soit après rutabagas. Dans les deux cas, les soins de préparation du sol sont à peu près semblables : un déchaumage après blé ; et, aussi bien après blé que rutabagas, un labour profond d'hiver, un scarifiage et un hersage, suivi du passage de l'émotteuse au printemps.

Les engrais ajoutés au sol après blé sont :

200 kgs de sulfate d'ammoniaque
250 kgs de superphosphate.
250 kgs de sylvinite riche.

Après rutabagas, on ne met pas d'engrais.

Pour le semis, on emploie 160 kgs de graines.

SOINS D'ENTRETIEN

Les avoines sont souvent envahies par les mauvaises herbes, chardons et sanves en particulier. On a recours pour s'en débarrasser à l'emploi du pulvérisateur d'acide sulfurique.

Pour cet emploi, on attend que l'avoine soit assez forte pour ne pas être brûlée par l'acide sulfurique et l'on agit lorsque les sanves ont deux à quatre feuilles. Si l'avoine est petite, on emploie une solution contenant 4 à 5 % d'acide sulfurique à 66° B. Lorsqu'elle est assez grande, on emploie une solution à 8 % d'acide sulfurique à 66° B.

On épand environ 1.000 litres de solution à l'hectare par temps sec. L'acide sulfurique brûle la totalité des sanves et la partie terminale des chardons et, par suite, les empêche de fleurir.

RÉCOLTE

La récolte se fait en août, un peu en vert pour les avoines devant être consommées à la ferme, pour éviter l'égrenage, et à maturité complète pour les avoines de semence.

Dès que l'avoine est coupée, on en forme des chaînes pour faciliter le séchage et éviter la germination des grains causée par l'humidité.

L'avoine est rentrée sous un hangar et battue suivant les besoins, et lorsque les travaux de plaine sont arrêtés par les intempéries.

Le rendement moyen a été, pour 1926, de :

Grains : 28 à 30 quintaux par hectare.

Paille : 50 quintaux par hectare.

§ 6. — **Orge**

On sème chaque année de 6 à 8 hectares d'escourgeon, qui donne de bons résultats.

Le grain est employé pour la nourriture des porcs et quelquefois des chevaux. Dans ce dernier cas, il sert à faire la soudure entre les avoines de l'année précédente et celles de la nouvelle récolte. Cette culture permet la répartition des semis, car on sème l'escourgeon à la fin de septembre, avant l'arrachage des betteraves; la quantité de semence employée est de 140 kgs à l'hectare.

Les soins de préparation du sol et d'entretien sont les mêmes que ceux pratiqués pour une avoine après blé.

Pour les engrais, on se contente de :

100 kgs de sulfate d'ammoniaque.
250 kgs de superphosphate.
250 kgs de sylvinite riche.

La récolte se fait en juillet, quand les épis se courbent. Comme pour l'avoine, on relève et met en chaînes pour éviter la germination due à l'humidité. On bat directement sur place en fournissant la force à la batteuse par l'emploi du tracteur Case. La paille est épandue sur place ; donc peu de manipulations.

Le rendement moyen a été, pour 1926, de 22 quintaux de grains.

§ 7. — **Luzerne**

Le principal fourrage artificiel produit dans l'exploitation est la luzerne.

La variété cultivée est celle des Flandres ; elle a été depuis peu introduite ici, où elle a remplacé en partie le trèfle violet.

Elle n'est conservée que deux ans, mais on aurait avantage à la conserver plus longtemps. Elle n'est pas semée pure, mais en mélange dans la proportion suivante, par hectare :

Luzerne	18	kgs
Trèfle violet	4	»
Sainfoin	20	»

La luzerne est semée dans une céréale de printemps, au semoir en lignes, de façon à intercaler les lignes de fourrages entre celles de céréales.

On se contentera, en janvier, de passer le canadien pour aérer un peu le sol pendant la végétation.

La récolte est à peu près la même la première et la deuxième année, car la première année, si la luzerne et le sainfoin sont moins abondants que la deuxième, le trèfle donne un bon rendement ; par contre, la seconde année, le fourrage sera composé seulement de luzerne et de sainfoin. On a compté, comme rendement moyen en foin par hectare :

	EN 1926	EN MOYENNE
1re coupe.........	2.500 kgs	3.500 kgs
2e —	1.500 »	2.000 »
Regain	1.000 »	1.500 »
Total.........	5.000 kgs	7.000 kgs

La première coupe sera faite d'assez bonne heure, en juin, de façon à ce que l'on puisse faire pâturer la seconde coupe par les moutons, alors que les légumineuses sont en fleurs, pour éviter autant que possible les accidents de météorisation, et ceci dès que la minette aura été consommée par les ovins. Le regain sera souvent fauché.

La fauchaison se fait à l'aide de deux faucheuses « Mac-Cormick », de 1m50 de coupe.

Le fourrage est fané à l'aide d'un râteau faneur, une ou plusieurs fois suivant l'épaisseur et le temps, puis ramassé au râteau et mis en meulons. Il est laissé ainsi jusqu'à ce que sa dessiccation soit assez avancée pour que la fermentation ne soit plus à craindre, puis rentré dans les fenils de la ferme.

Le bottelage sera fait par les ouvriers, par temps de pluie, ou à défaut par un homme de cour, qui le fera pour la consommation journalière des animaux, afin d'éviter le gaspillage.

N'aurait-on pas avantage à pratiquer la mise en « moyettes » et à faire le bottelage en plaine ? Nous le croyons, mais l'obstacle est la main-d'œuvre ; en effet, tout d'abord, on ne trouve pas facilement le personnel nécessaire à ce travail, et surtout on n'a pas l'habitude d'employer ce procédé dans la région, et il est souvent difficile d'introduire brusquement une méthode culturale. Cependant, on pourrait récolter plus facilement le fourrage en temps de pluie, et on n'aurait pas à faire le bottelage à la ferme, ce qui entraîne souvent l'effeuillage de la luzerne.

N'aurait-on pas avantage à garder la luzerne trois ans au lieu de deux ? Certes, car tout d'abord on pourrait avoir une quantité de fourrage supérieure à celle produite actuellement ; la quantité obtenue la troisième année serait supérieure à celle des deux premières années, et les éléments fertilisants laissés au sol seraient beaucoup plus abondants ; si nous en croyons les chiffres théoriques, nous aurons approximativement dans le sol :

	AU BOUT DE 2 ANS	AU BOUT DE 3 ANS
Azote	0,852×140=119 k. 28	0,852×210=178 k. 92
An. phosph.	0,186×140= 26 k. 04	0,186×210= 39 k. 06
Potasse ...	0,275×140= 38 k. 50	0,275×210= 57 k. 75
Chaux	0,841×140=117 k. 74	0,841×210=176 k. 61

Mais ici le sol s'enherbe facilement ; aussi n'aurait-on pas avantage à garder la luzerne plus de trois ans, car à partir de ce moment les plantes associées (trèfle et sainfoin) étant disparues, leur place sera rapidement prise par des herbes souvent nuisibles à la végétation de la luzerne ; en outre, les luzernes qui ont été pâturées par les moutons peuvent durer difficilement plus de trois ans.

§ 8. — **Trèfle violet**

Le trèfle violet est très cultivé dans toute la région, où il donne du reste d'assez bons rendements dans les terrains argilo-calcaires et surtout sur sous-sol perméable (craie blanche). Une autre raison de l'intensité de sa culture est que, par suite du morcellement des propriétés rurales, chaque petit cultivateur possédant une ou quelques vaches et n'ayant pas de prairies encloses, met ses bêtes au piquet dans les trèfles. Ce procédé fut longtemps employé à Hermaville, mais il n'a plus sa raison d'être depuis qu'on a créé des prairies naturelles encloses. C'est pourquoi, maintenant, la culture du trèfle y est extrêmement réduite, puisqu'elle n'occupe plus que 3 hectares.

Le trèfle est donné surtout en vert aux vaches laitières et aux chevaux ; une partie est fanée.

Depuis la création des herbages, on a remplacé en grande partie le trèfle par la luzerne qui, jusqu'ici, avait été peu cultivée, à cause des accidents météoriques possibles avec la consommation au pâturage par les bovins.

Mais désormais la luzerne a pris le dessus, d'autant plus facilement que la quantité de foin qu'elle procure, ainsi que les éléments laissés au sol, sont plus abondants, avec une main-d'œuvre de semis plus réduite.

SEMIS

Le trèfle est semé dans une avoine de printemps, dans la proportion de 20 kgs de semence par hectare, de la même manière que la luzerne.

SOINS DE VÉGÉTATION

Aucun soin de végétation n'est donné au trèfle ; mais lorsque le début de l'automne est encore assez chaud pour que le trèfle fleurisse l'année de son semis, on fait passer assez rapidement le troupeau de moutons dans le champ, pour que les ovins coupent les parties les plus avancées des pieds de légumineuses, et par suite arrêtent la végétation trop précoce, afin de conserver au trèfle toute sa vigueur pour l'année suivante, sans pour cela le brouter trop près de terre. En outre, le passage des moutons tasse légèrement le sol, ce qui garantit les jeunes plantes du déchaussement pendant l'hiver.

RÉCOLTE

La récolte se fait comme pour la luzerne, quant à la partie rentrée sous forme de foin, c'est-à-dire le plus souvent la première coupe, qu'on évalue à 2.000 à 2.500 kgs de foin à l'hectare. La deuxième coupe et le regain sont coupés en vert et donnés aux animaux. Pour cela, on coupe chaque jour à la faucheuse le fourrage nécessaire pour la journée, et on le place dans une ancienne grange où il est à l'abri du soleil et de la pluie ; il est ensuite utilisé pour les bovins et pour les chevaux ; pour les premiers, il complète la nourriture prise dans les herbages ; pour les seconds, il sert de rafraîchissant.

On compte que la deuxième coupe donne environ de 4.500 à 5.500 kgs de fourrage vert, et le regain de 1.500 à 2.100 kgs, ce qui, en foin sec, correspond à :

	EN 1926	EN MOYENNE
1re coupe.........	2.000 kgs	2.500 kgs
2e —	1.500 »	1.800 »
Regain	500 »	700 »
Total........	4.000 kgs	5.000 kgs

Ces quantités laissent au sol, par hectare :

Azote	2,064 × 83,5 × 50 : 100 = 86 k. 18
An. phosphorique....	0,299 × 83,5 × 50 : 100 = 12 k. 47
Potasse	0,400 × 83,5 × 50 : 100 = 16 k. 70
Chaux	1,122 × 83,5 × 50 : 100 = 46 k. 83

§ 9. — **Minette**

Une partie des terres, complètement séparée des bâtiments de la ferme par un bois d'une centaine d'hectares, est située sur un monticule formé par la craie et où une mince couche de limon permet la culture. Par suite de l'éloignement de la ferme, on ne peut pas fumer ces terres avec du fumier de ferme ; aussi a-t-on recours au parcage.

D'autre part, les terres étant peu profondes, on ne peut pas y cultiver les plantes racines, et c'est pourquoi, pour établir un assolement, on a recours à la minette.

Cette minette est semée dans l'avoine de printemps, à raison de 18 kgs de semence à l'hectare.

Elle est pâturée deux fois, tout d'abord en fin mars, lorsqu'on sort le troupeau, puis vers la fin de mai, lorsqu'elle a eu le temps de repousser. Elle est ensuite parquée avant d'être défrichée.

On peut compter que son fourrage représente un poids moyen, pour les deux coupes, de 9.000 à 11.000 kgs de fourrage vert, ce qui représente 3.000 à 3.500 kgs de foin.

Nous pouvons donc considérer que la minette laisse au sol, par hectare :

Azote	0,852 × 35 = 29 k. 82
Anhydride phosphorique........	0,186 × 35 = 6 k. 51
Potasse	0,275 × 35 = 9 k. 62
Chaux	0,841 × 35 = 29 k. 43

§ 10. — **Dravière**

On entend par « dravière » un mélange de vesce et d'avoine de printemps.

Cette culture est nettoyante, mais épuisante ; aussi devra-t-on forcer un peu plus en engrais qu'après minette, car on la pratique dans la partie des terres soumises au parcage. On cultive parfois ces fourrages en culture dérobée, mais le plus souvent ils sont faits dans des terres qu'on n'a pas eu le temps de travailler suffisamment, ou qui ne sont pas d'assez bonne qualité pour les autres cultures.

On fait un labour et quelques travaux d'ameublissement (scarifiage et hersages), après parcage et épandage de 200 kgs de superphosphate et 200 kgs de sylvinite riche, puis on sème en avril dans les proportions suivantes :

Vesce	150 kgs
Avoine	40 »

On passe le scarificateur et on roule. On devra mettre des épouvantails, à cause de la proximité du bois, surtout pour les pigeons qui sont très friands de vesce.

On fauche en vert dès que les gousses sont formées, c'est-à-dire en juin, en on fait manger le plus souvent sur place par les moutons.

Ce fourrage permet de faire la transition, pour le troupeau de moutons, entre les différentes légumineuses (minette et seconde coupe de luzerne) et les chaumes.

On estime que l'on obtient en moyenne, par hectare, 20.000 kgs de fourrage vert.

§ 11. — Prairies naturelles

Il existe une quarantaine d'hectares de prairies, que nous pouvons diviser en deux groupes : les unes sont aux alentours immédiats de la ferme, les autres à environ 2 kilomètres, à l'orée du bois.

Les prairies voisines de la ferme ont été créées par semis, il y a une vingtaine d'années ; elles sont sur des limons de lavage un peu épais, argilo-siliceux, avec sous-sol de craie blanche.

Par les grandes chaleurs, ces pâtures arrivent à se conserver assez bien en herbe, grâce à la pénétration des racines dans la craie, qui donne aux plantes l'humidité nécessaire.

Ces pâtures sont séparées en six parties, dont trois de 4 hectares environ chacune, et trois variant de 2 à 3 hectares. Deux de ces prairies sont plantées d'arbres fruitiers, pommiers et poiriers.

Des clôtures, formées de piquets et de fer à T que relient quatre rangées de fil de fer, empêchent les bovins de s'échapper. Dans chacune des pâtures, un bac en fer sert d'abreuvoir ; il est alimenté à l'aide d'une clef par une conduite d'eau sous pression ; ainsi, les animaux peuvent être facilement désaltérés, sans que la main-d'œuvre s'en trouve très accrue.

Les engrais donnés à ces prairies sont répartis sur trois années ; une année sur trois, on arrose les prés avec du purin dilué avec de l'eau ; l'année suivante, on y épand 1.000 kgs de scories de déphosphoration, et la troisième année, 800 kgs de sylvinite riche, en février-mars. Au printemps, on fait toujours un hersage, pour niveler le sol, supprimer les taupinières et épandre les bouses.

Les vaches sont mises dans ces pâtures du 15 avril environ au 15 novembre ; mais elles n'y sont laissées en permanence qu'environ cinq mois ; le reste du temps, elles y passent le jour et reçoivent à l'étable une nourriture supplémentaire.

On compte que ces prairies peuvent nourrir une bête et demie à l'hectare.

Quand une pâture est suffisamment rasée par le

bétail, on fait passer les bovins dans un autre herbage, en attendant que l'herbe soit repoussée. On a avantage à avoir plusieurs prairies plutôt qu'une seule ; en effet, on a remarqué que dans les grands herbages, où les bêtes restent longtemps, les touffes d'herbes sèches sont fréquentes, alors que dans les herbages plus restreints, où les animaux demeurent peu de temps, ces rebuts sont plus rares ; en outre, il est beaucoup plus facile d'attraper les animaux dans des herbages d'une faible étendue que dans des prés immenses ; de là l'utilisation de plusieurs prairies.

Les trois plus petits herbages servent surtout pour placer les génisses, tant que le temps le permet.

Les prairies voisines du bois se sont formées à peu près seules. Pendant la guerre, les troupes anglaises avaient établi leurs lignes dans cette région ; pour mieux se protéger des avions allemands, elles avaient placé dans les bois des baraquements servant de cantonnement aux troupes de réserve. Pour établir ces logements sommaires, il fallut abattre des arbres ; de là la création de clairières. En 1919, on fit disparaître les baraquements et l'on nivela tant bien que mal le sol, en y enfouissant maints débris de fil de fer, ronces, etc. A cette époque, on songea plutôt à remettre les terres de culture en bon état qu'à reboiser, et peu à peu l'engazonnement des clairières se fit naturellement.

Devant cet état de choses, on se contenta de clore ces clairières, avec des piquets de fer et quatre rangées de ronce, d'y jeter quelques balayures de fenil, et c'est ainsi que l'on créa une dizaine d'hectares d'herbages.

Depuis lors, aucun soin cultural n'a été donné, par crainte de ramener sur le sol tous les débris, en particulier les ronces, enfouis par les soldats et pouvant blesser les animaux ; et cependant, les prairies ainsi formées peuvent facilement porter, chaque année, pendant environ six à sept mois, une bête à l'hectare. Ainsi, malgré la sécheresse de l'été 1926, elles ont suffi à la nourriture de 6 génisses, 1 taureau et 4 poulains de 12 à 16 mois, du mois de mai au mois de novembre.

Ces prairies étant éloignées de la ferme, on doit y conduire l'eau pendant l'été, ce qui permet en même temps la surveillance des animaux.

Dans ces prés, on met ordinairement des animaux achetés en avril-mai et revendus avec bénéfice six mois plus tard, environ. Le plus souvent, ce sont des génisses de 18 mois à 2 ans, avec un taureau, ce qui permet de vendre ces femelles pleines; on place avec les bovins quelques poulains qui se nourriront facilement des herbes que laissent les bovidés.

Toutes ces prairies sont pourvues d'un abri pour permettre aux animaux de se protéger contre les intempéries ; de même, des arbres peuvent de leur ombre les protéger contre les ardeurs du soleil, et par suite des nombreuses mouches qui accompagnent les animaux par temps chauds.

On n'a pas ajouté d'engrais au sol de ces dernières prairies depuis leur création, et cependant les herbes y sont bonnes et les trèfles y abondent.

En effet, les bois qui ont existé sur ces terrains

ont laissé au sol une réserve abondante d'éléments fertilisants, que peuvent puiser peu à peu les plantes herbacées.

D'après les chiffres donnés par M. Henry, professeur à l'Ecole Forestière de Nancy, un hectare de taillis sous futaie, âgé seulement de vingt ans, laisserait annuellement, dans un sol calcaire, sous forme de couverture morte :

Azote	43 kgs
Anhydride phosphorique....	23 »
Potasse	16 »

Or, nous savons que cette partie de bois était, en effet, exploitée en taillis sous futaie tous les vingt-cinq ans environ, et cela depuis fort longtemps. En prenant les chiffres ci-dessus, nous pouvons dire que la quantité d'éléments fertilisants laissée au sol a pu être considérable, d'autant plus que, sous l'action des microorganismes, les feuilles mortes ont la propriété de fixer directement l'azote de l'air, et que les phosphates et la potasse restent retenus dans la terre jusqu'au moment de leur utilisation par la végétation.

Pour le cas actuel, on a le gros avantage de pouvoir nourrir des animaux sur un sol qui ne demande pas momentanément d'engrais ; mais il est à croire que par suite de l'exportation d'une partie de ces éléments — puisque les uns restent sous forme d'excréments et que les autres sont enlevés par l'animal pour la formation de ses tissus, — on devra d'ici quelques années rétablir l'équilibre entre l'exportation et l'importation, par des apports d'engrais minéraux : scories et sylvinite, par exemple.

CHAPITRE III

MATÉRIEL

Nous ne voulons pas achever de parler des cultures sans énumérer au moins le matériel de ferme. Citons, pour les travaux extérieurs :

4 charrues brabants doubles, à mancherons, avec enfouisseurs de fumier rotatif s'y adaptant.
1 charrue trisoc pour le tracteur.
1 déchaumeuse à quatre socs.
2 binots à trois dents.
1 cultivateur canadien.
2 extirpateurs.
3 herses articulées à trois corps.
1 herse norvégienne.
2 rouleaux plombeurs.
1 rouleau crosskill.
1 pulvériseur Massey-Harris de 3 mètres.
1 houe à cheval à six rangs.
1 semoir à engrais Nodet (2 mètres).
1 semoir en lignes Nodet (14 rangs).
1 arracheuse de betteraves à un rang.
1 arracheuse de pommes de terre à fourches.
1 râteau à cheval.
1 râteau faneur.
2 faucheuses « Mac-Cormick », de 1^{m}50 de coupe.
2 moissonneuses « Albion », de 1^{m}80 de coupe.

1 moissonneuse « Massey-Harris », de 2^{m}10 de coupe.
1 tonneau à acide sulfurique « Vermorel ».
1 tonneau à purin.
1 tonneau à eau.
4 chariots à quatre roues, transformables en guimbardes.
1 tombereau à quatre roues.
3 tombereaux à deux roues.
1 tracteur « Case », 10-18 ch.
1 camionnette « Renault ».
1 carriole.
1 batteuse « Merlin » (80 quintaux par jour).
1 lieur « Massey-Harris ».

Comme instruments pour travaux intérieurs, nous trouvons :

1 trieur à pommes de terre.
2 coupe-racines.
1 hache-paille.
1 scie rotative à chariot.
1 brise-tourteaux.
1 moulin concasseur « Albion ».
1 trieur « Marot ».
1 tarare.
1 écrémeuse « Alfa-Laval ».
1 baratte « Maroillaise ».
1 malaxeur.
1 chaudière pour la cuisson des aliments des porcs.
1 réfrigérant circulaire pour le lait.

On voit que le matériel de culture, aussi bien que les divers instruments de ferme, sont assez complets pour l'exploitation. On ne recherche pas l'uniformité du matériel, mais on tend à avoir des instruments solides, perfectionnés, pratiques et économiques.

Troisième Partie

LES MOTEURS A LA FERME

Comme dans beaucoup d'exploitations du Nord de la France, on avait cru, à la fin de la guerre, pouvoir remplacer la traction animale par la traction mécanique ; on a changé d'avis depuis lors, et le tracteur n'est plus regardé que comme une aide quand on manque de chevaux, ou comme remplacement des moteurs électriques pour actionner la batteuse, dans les champs, par exemple.

CHAPITRE PREMIER

La Traction mécanique

Un véritable engouement pour les tracteurs s'était manifesté en 1919, ici comme dans tout le Nord de la France, grâce à l'emploi que l'on voyait faire de ces instruments dans les régions dévastées que l'Etat faisait travailler pour faciliter la remise en valeur des terres. On a vu alors des exploitations se servant exclusivement de tracteurs pour les travaux des champs ; mais depuis sept ans, les idées et les valeurs ont beaucoup évolué à ce sujet.

En 1919, l'Etat offrait des primes à ceux qui achetaient des tracteurs ; à ce moment, nombreux furent les représentants des maisons de vente qui circulèrent dans toutes les régions pour montrer les avantages de la traction mécanique et faire acheter aux agriculteurs les tracteurs de leur maison.

C'est à ce moment que l'on introduisit à la ferme Saint-Georges un tracteur de marque « Case », de 10-18 ch. de puissance, à roues munies de fers cornières et consommant comme carburant le pétrole, avec l'essence pour le démarrage. Depuis lors, il sert peu souvent, car le pétrole et l'essence ayant pris une valeur assez grande, on préfère, quand on le peut, travailler avec les chevaux. Certains ont remisé leur tracteur parce qu'ils n'avaient personne pour le conduire ; ici, ce n'est pas le cas, car un des ouvriers de la ferme est mécanicien et conduit très bien le tracteur, tout en surveillant consciencieusement le travail fait par l'instrument traîné.

Mais nous nous trouvons souvent sur des terrains argileux, et dès qu'il a plu un peu fortement, le sol est collant, le tracteur patine, et quand il peut avancer, laisse des marques trop apparentes de son passage, et son travail n'est pas toujours régulier.

Bien qu'on lui préfère maintenant la traction animale, quant au prix de revient des travaux, on s'en sert parfois très utilement, soit comme locomoteur, soit encore comme moteur fixe. Il arrive des périodes, en effet, où la traction animale est insuffisante pour assurer tous les travaux à faire en temps utile ; il serait difficile de se procurer des chevaux supplémentaires pour ces courts laps de temps, et on a recours au tracteur.

Ainsi, lorsque la moisson est finie et que l'on doit achever de rentrer les récoltes de céréales et couper les regains de foin, toutes les attelées de chevaux sont souvent occupées et le tracteur fait les déchaumages. De même, quand, au début d'octobre le sol n'est pas trop humide et que les charrois de betteraves et les labours demandent la plupart des chevaux, on a recours à la traction mécanique pour les travaux précédant les semis de blé, hersages, pulvérisages, roulages, épandage des engrais minéraux et même quelquefois semis des blés, quand le temps n'est pas trop pluvieux.

Essayons donc d'établir le prix de revient de la traction de la déchaumeuse par le tracteur, pour 1 hectare de travail, et nous pourrons ensuite comparer avec le prix de revient de la même traction par les chevaux.

Sachant que ce tracteur est amorti depuis quelques années, et qu'il peut déchaumer environ 5 hectares par journée de travail, la dépense sera, par hectare travaillé :

Pétrole : 50 l. à 2 fr. 25	112 50
Essence : 1 l. à 2 fr. 60	2 60
Huile : 4 l. à 6 fr	24 »
Graisse : 100 gr. à 0 fr. 005	0 50
Assurance : $\frac{1 \text{ fr. } 50 \times 22.000}{1.000 \times 50 \text{ jours}}$ =	0 75
Réparations et imprévus	20 »
Conducteur	20 »
	180 35
Intérêt 6 % de $\frac{22.000 \text{ fr.}}{50 \text{ jours}}$ + 180 fr. 35	37 20
Dépense pour 5 hectares	217 55

Soit, pour la traction de la déchaumeuse sur 1 hectare :

217 fr. 55 : 5 = 43 fr. 50
(Prix moyens de septembre 1926.)

Nous voyons donc que, comme instrument de secours, le tracteur peut rendre ici de grands services et remplacer dans la mesure du possible les chevaux pour certains travaux ; par contre, on ne cherchera jamais à l'employer pour les labours, car il tasserait le sol, et comme ces travaux peuvent être faits par temps humides, on n'obtiendrait dans ce cas qu'un travail irrégulier, par suite du patinage.

Le tracteur est encore utilisé pour actionner une batteuse « Merlin » demandant une puissance de 10 ch., lorsqu'on bat dans les champs ; son emploi, bien que pratique, présente l'inconvénient de fournir une puissance un peu trop grande pour la batteuse et de ne pas faire tourner les organes de celle-ci avec une grande régularité.

En résumé, la traction mécanique peut rendre de grands services, lorsqu'on a besoin de « donner un coup de collier », pour employer une expression vulgaire, mais qui rend bien l'idée voulue.

CHAPITRE II

La Traction animale

Après avoir montré en quelques lignes quelle pouvait être l'utilité de la traction mécanique, nous allons dire ce qu'est la traction animale de notre exploitation. Dans toutes les fermes voisines d'Aubigny, deux espèces animales servent à la traction : le cheval et le mulet.

Le mulet est surtout l'animal des exploitations de peu d'étendue, où il est souvent le seul moyen de traction ; on le rencontre beaucoup dans notre région, tout d'abord en raison de sa sobriété et de son endurance, et ensuite parce qu'un certain nombre d'entre eux proviennent des ventes qui furent faites des animaux de l'armée anglaise occupant tout ce secteur.

Les chevaux qu'on rencontre dans la région sont surtout des races boulonnaise et ardennaise-belge.

Peu d'exploitants emploient des bœufs, et dans le canton d'Aubigny, nous n'en avons pas rencontré un seul. Pourquoi les bœufs ne sont-ils pas mis ici sur le même pied que les équidés ?

Ce que disait le baron A. de Calonne pour la période comprise avant 1789 est encore vrai aujourd'hui : « Le cheval est le seul animal employé aux travaux de l'agriculture. Les attelages de bœufs sont encore rares. Conseillés par Chauvelin, qui cherche à les multiplier comme étant moins chers à acheter et à nourrir que les chevaux. » (1)

Cependant, les bœufs « furent employés par M. Quarré de Beaurepaire, dans son exploitation d'Hermaville-en-Artois » (1), mais les successeurs du châtelain d'Hermaville ne continuèrent pas son œuvre et de cet essai d'introduction des bovins de travail, il ne reste plus que le souvenir, rappelé par deux dessus de portes, peints par un artiste villageois du milieu du XVIIIe siècle au château même d'Hermaville, et qui représentent dans un style un peu naïf : l'un le travail à la charrue Dombasle, l'autre celui de la herse en bois, traînées l'une et l'autre par des bœufs.

La principale raison pour laquelle le travail des bovins n'a pas mieux réussi est « principalement à cause des difficultés de se procurer de bons bouviers » (3).

En effet, c'est presque avec dédain que le paysan regarde dans nos contrées le bœuf de travail ; aussi serait-il difficile de trouver des charretiers voulant bien abandonner leurs chevaux pour des bœufs.

Ce n'est certes là qu'une sorte de routine, mais dans bien des cas les coutumes anciennes prévalent encore trop souvent chez nous, et suivant une maxime d'Olivier de Serres, renouvelée de Caton : « Ne change point de soc, ayant pour suspecte toute nouvelleté. »

---

(1) (2) Baron A. de Calonne, « La vie agricole sous l'ancien régime dans le Nord de la France ».

(3) « Archives du Pas-de-Calais, Etats de l'Artois », Ag. 9. Rapport de M. Delambre sur les labours.

Mais à l'emploi des bœufs de travail nous pourrons opposer des objections plus valables :

Tout d'abord, les terres, bien que souvent argileuses, mais peu profondes, ne demandent pas de gros efforts pour la traction des instruments agricoles ; en outre, le mode de culture artésien exige un travail rapide, que fournissent plus facilement les chevaux que les bœufs.

Enfin, la nourriture des bovins et ovins existant en particulier à la ferme Saint-Georges actuellement n'est pas en trop grande abondance pour pouvoir augmenter encore les consommateurs de pulpes et de betteraves, et nous avons vu plus haut que le peu d'épaisseur de la couche arable ne permet pas d'intensifier la culture des plantes racines dans des conditions économiques favorables.

C'est pour ces différentes raisons que la traction animale n'est demandée ici qu'à des chevaux.

Les chevaux

RACES

Primitivement, l'écurie ne comportait que des chevaux boulonnais ; depuis peu on y a introduit des chevaux ardennais-belges, mais la prédominance reste aux boulonnais.

Comme dans nombre d'autres exploitations rurales, on a peu de facilités pour trouver de bons charretiers ; aussi a-t-on voulu avoir quelques chevaux de race ardennaise-belge, joignant à la force la plus grande docilité.

En effet, chez le boulonnais, il y plus de sang, et avec des charretiers inexpérimentés ou brutaux, on pourrait avoir à déplorer des accidents.

En outre, on a, surtout depuis la guerre, dans cette exploitation, des boulonnais assez petits et très nerveux ; aussi peut-on admettre que les ardennais-belges, de stature plus forte et plus musclés, formeront une balance assez bonne dans notre écurie.

On ne cherche pas à n'avoir qu'une seule robe parmi les chevaux ; aussi, lorsque de gros charrois sont nécessaires, les chevaux belges sont mis comme limoniers et les boulonnais en flèche ; les premiers travaillent lentement, mais sûrement, les seconds vite, mais nerveusement, par coups de collier.

Pour les travaux ordinaires, ne demandant que des forces moyennes, le boulonnais sera donc préférable, puisqu'il a pour lui la rapidité ; de même, pour les petits charrois sur route, il aura la prédominance pour la même raison. A notre avis, c'est lui qui convient le mieux pour notre région accidentée.

L'écurie comprend un étalon, deux chevaux hongres et treize juments. Sur ce nombre, l'étalon et douze juments sont boulonnais, le reste ardennais-belge.

SPÉCULATIONS

Chaque année, cinq des juments poulinières seulement sont mises à l'étalon, de façon à ce que les travaux ne soient pas arrêtés au moment du poulinage, qui a lieu ordinairement en février-mars.

La saillie est faite par l'étalon boulonnais de la ferme ; le plus proche dépôt d'étalons est, en effet, à Hesdin, à une quarantaine de kilomètres, car nous ne sommes pas une région d'élevage de chevaux.

En principe, l'écurie est donc renouvelée par l'élevage ; cependant, quand les poulains obtenus ne donnent pas la promesses des qualités recherchées : bonne musculature, avec du sang et de belles formes, on achète des poulains de 6 mois, 1 an et même 18 mois, qu'on met à l'herbage avec les animaux d'élevage. Seuls sont conservés les poulains donnant de belles espérances, et cela selon les réformes faites dans l'écurie ; les autres sont vendus avant l'hiver.

Pour les achats, on compte qu'un poulain de 6 mois est payé entre 2.000 et 2.200 fr. ; d'un an, entre 2.500 et 2.800 fr. ; de 18 mois, entre 3.500 et 4.000 fr.

Les poulains sont mis dans les herbages avec les bovins dès que leurs forces et la température le permettent. Les poulains conservés pour la remonte de l'écurie y restent jusqu'à l'âge de 20 mois à 2 ans ; pendant ce séjour en pâture, ils reçoivent chacun, comme aliments complémentaires, chaque soir, dans des auges fixées à l'intérieur d'un hangar pouvant leur servir d'abri pendant les fortes pluies d'hiver :

Avoine	2 kgs 500
Foin de luzerne..........	3 kgs
Paille de blé............	5 kgs

(dont 2 à 3 kgs à peine sont mangés).

Cette ration, d'après les tables de Kellner, présente une valeur de :

		Mat. sèche	Mat. azotée	Val. amidon
		—	—	—
Avoine	2 k. 500	2 k. 167	0 k. 200	1 k. 492
Foin	3 k.	2 k. 520	0 k. 363	0 k. 795
Paille	3 k.	2 k. 571	0 k. 006	0 k. 345
		7 k. 257	0 k. 569	2 k. 632

Or, nous pouvons supposer qu'entre 6 mois et 1 an les poulains ont un poids voisin de 250 kgs ; dans ce cas, la ration normale réclamée pour leur entretien et leur croissance serait de :

	Mat. sèche	Mat. azotée	Val. amidon
	—	—	—
Norme	5 k. 250-6 k. 500	0 k. 350	2 k. 900

Or, nous savons qu'en outre les animaux peuvent encore se nourrir d'un peu d'herbe, ce qui compense le léger déficit de la ration en valeur amidon. Par contre, cette ration est très riche en matière azotée, élément utile aux jeunes animaux pour leur croissance.

En été, on se contentera de les laisser dans les herbages situés derrière le bois, et où abondent les trèfles, sans qu'il soit besoin de nourriture supplémentaire.

Le dressage des jeunes chevaux est fait par le premier charretier. Lorsque les bêtes ont atteint 20 mois à 2 ans, au début d'avril, on commence à les atteler pour les travaux de printemps, hersages, roulages ; le jeune animal est alors placé entre deux chevaux déjà dressés. Au début, il ne travaillera que quelques heures par jour, puis une demi-journée. Pour ne pas le rendre poussif, on évitera de le mener de pair avec des bêtes trop vigoureuses.

Les travaux de printemps terminés, on laissera les poulains un peu à l'herbage, puis on recommencera à les faire travailler progressivement au moment de la moisson.

ÉLEVAGE

Nous avons mentionné plus haut qu'on faisait saillir chaque année cinq juments par l'étalon de la ferme ; or nous pouvons compter qu'en moyenne on obtient au moins deux poulains par an, en comptant les bêtes qui ne sont pas fécondées ou les mauvais poulinages.

On fera travailler les juments pleines pendant la première partie de la gestation ; vers la fin, peu de temps avant la mise-bas, on évitera de les soumettre à un travail trop dur, trop violent, tels que démarrages brusques et allures vives, susceptibles de provoquer l'avortement.

Cependant, on les fera travailler légèrement, mais régulièrement, et on les mettra souvent au pâturage.

La nourriture qui leur sera donnée sera alors

riche, substantielle, mais non échauffante, pour que la bête reste en état, sans être grasse, et que le fœtus se développe bien.

A l'approche du poulinage, la ration d'avoine sera progressivement réduite et remplacée par des barbottages. Pendant les huit ou dix derniers jours de gestation, la bête ne travaillera presque plus et restera le plus souvent au pâturage, quand l'herbe est assez abondante et le temps convenable.

Quand la parturition semblera proche, on isolera la jument dans une écurie servant en temps normal d'infirmerie pour le bétail ; on surveillera attentivement le poulinage et on donnera au poulain les soins nécessaires.

Pendant les dix premiers jours qui suivent la naissance du poulain, la jument est laissée avec lui dans un box ; puis, dès que le temps et la force du jeune animal le permettent, on met la poulinière et son produit dans un herbage pendant la majeure partie de la journée. On a ainsi l'avantage de permettre à la mère de se rafraîchir grâce à l'herbe, et de produire plus de lait ; en outre, le poulain se fortifie mieux au grand air.

Pendant la période d'allaitement, on donnera à la jument, en plus de sa ration d'avoine, des grains cuits (seigle ou orge), des farines d'orge ou des mashes. Puis, peu à peu, on fera travailler la mère, et par suite on habituera le poulain à rester seul, pour arriver à ce que la jument n'allaite plus son produit qu'à heures fixes ; on donnera alors un peu de nourriture sèche au jeune animal.

On sèvre les poulains de très bonne heure, souvent vers quatre mois et demi à cinq mois, et c'est un reproche que l'on peut souvent faire aux éleveurs de boulonnais, qui arrivent à avoir dans la suite des poulains trop enlevés ou manquant d'ampleur ; ce reproche est surtout fait par les amateurs de percherons, qui établissent une comparaison avec le poulain percheron, mieux proportionné d'après eux, parce que le sevrage ne se pratique qu'à six mois.

Le poulain sera mis en pâture avec un ou plusieurs compagnons, afin qu'il ne s'ennuie pas et profite de la nourriture qu'on lui donne, en augmentant la puissance de ses muscles par l'exercice.

Pour couper le lait aux juments après le sevrage, on diminue un peu leur ration et on leur administre une légère purgation de sulfate de soude ; quand la bête est de nouveau pleine, le lait se tarit de lui-même.

Nous avons vu plus haut la nourriture donnée aux poulains entre 6 mois et 20 mois.

Nous aurions voulu pouvoir établir par un compte le prix de revient du poulain provenant de l'élevage, pour le comparer avec celui du poulain acheté à 18 mois et montrer que malgré les risques possibles, on avait avantage à entretenir des juments poulinières, mais certains facteurs de ce compte auraient été tellement variables avec l'individualité que nous nous bornerons à les énumérer. Ce sont : le prix de la saillie, la valeur du temps d'inactivité de la jument, les frais de poulinage, le supplément de nourriture donné à la mère pour favoriser l'allaitement, le prix de la nourriture (aliments concentrés et prairie).

Si nous comptons que l'étalon ne sert à couvrir que cinq à six juments de l'exploitation par an, et que deux ou trois seulement arrivent à donner un produit (non-fécondation et avortement), le prix de la saillie devrait être très élevé ; mais ce cheval, bien que d'excellentes origines et venant du haras de M. Pouilly, ne sert pas essentiellement à la monte et est utilisé pour tous les travaux de ferme ; nous serons donc obligé de diminuer considérablement le chiffre semblant primitivement exact pour le prix de la saillie et nous ne serons pas loin de l'exactitude en prenant celui demandé par les Haras nationaux, et qui est momentanément de 50 francs.

Les juments travaillent souvent jusqu'au jour précédant le poulinage, car quand on sait la parturition proche, on les emploie à des travaux légers, tels que le service de la cour. Il est à remarquer du reste que, lors des travaux demandant un démarrage brutal, tels que charrois de récoltes de céréales, et surtout de betteraves, les juments qui sont pleines ne le sont pas depuis longtemps et par conséquent, on ne doit guère craindre d'accidents. Après la mise-bas, la jument reste souvent trois semaines environ avant de reprendre les travaux ordinaires ; c'est donc la valeur de ce temps qui devra être comptée et qui, si nous estimons la journée de travail à 18 francs, est voisine de 378 francs.

Les frais de poulinage sont souvent peu importants, mais notre compte devrait représenter une moyenne et, par conséquent, on doit envisager le cas de l'intervention du vétérinaire en cas de mauvaise parturition, et par conséquent l'achat de médicaments ; nous nous trouvons alors en face d'un facteur très variable.

Le supplément de nourriture donné à la mère pour favoriser le développement du fœtus et l'allaitement peut être évalué à peu de chose, car, avant la mise-bas, on se contente de donner à la jument, pendant quelques jours, une nourriture rafraîchissante, en remplaçant une partie du foin et de l'avoine par des barbottages de farine d'orge. Pendant la quinzaine qui suit le poulinage, l'avoine est supprimée et remplacée par des barbottages et des mashes, et le foin est donné en petite quantité, quand on peut mettre la bête à l'herbage. Nous ne faisons donc surtout qu'un remplacement de nourriture sèche par des aliments aqueux ayant une valeur à peu près identique et demandant seulement un peu plus de soin et de temps pour leur préparation.

Nous arrivons au facteur qui peut être le plus discuté, car doit-on compter la nourriture du poulain à l'herbage ou seulement les suppléments qui lui seront donnés (avoine, foin, paille) ?

On prétend, dans notre région, que si un herbage de 10 hectares, par exemple, peut nourrir une bête et demie à l'hectare, on pourra y mettre 15 bovins et deux poulains, car les jeunes chevaux ne consomment en herbe que les refus des bovins. Il faut dire, il est vrai, que si les poulains sont laissés toute l'année à herbage, les génisses n'y demeurent que pendant sept mois. En outre, les poulains apportent au sol des prairies, sous forme de déjections, une partie des éléments qu'ils prennent à l'avoine, au foin et à la paille qui leur sont donnés, et par conséquent épuisent moins l'herbage que les bovins, qui en enlèvent toutes les substances nécessaires à leur croissance.

Certains pourront dire que l'on doit compter cette nourriture herbacée, car si on ne mettait pas de poulains dans les herbages, on arriverait à y nourrir des bovins pendant l'hiver ; or, la seule race de bovins élevés ici est la flamande, et il serait difficile de lui faire passer l'hiver au pâturage, à cause du climat trop pluvieux et brumeux et de la rusticité précaire de cette race.

En outre, nous savons que les bovins ne consomment pas ordinairement les herbes qui ont été polluées par les déjections de leurs semblables et que ne refusent pas les équidés, et inversement.

La main-d'œuvre nécessaire à la surveillance et à l'alimentation sera estimée. Nous ne compterons pas d'impôts ni d'assurances, car les poulains non inscrits sur les listes de recrutement militaire ne sont pas soumis à l'impôt. L'assurance mortalité du bétail serait seule à envisager, puisque les poulains restent dans les herbages, mais elle n'est pas faite ici, et nous devrions compter ce facteur parmi les risques, puisque l'exploitant devient par le fait même son propre assureur.

Enfin, il serait nécessaire de compter une certaine somme pour les risques encourus lors du poulinage et de l'élevage du jeune sujet.

En effet, si, par suite d'une parturition difficile,

un accident survient à la jument poulinière, s'il y a avortement ou même si le poulain est mort-né, la perte éprouvée sera à répartir sur le compte d'élevage des autres poulains.

D'autre part, on devra mettre au même niveau le risque encouru en cas de mort du poulain, puisqu'aucune assurance ne couvre cette mortalité, car bien que ce cas soit rare, il peut arriver par maladie ou accident, et la perte en sera d'autant plus forte que l'animal sera plus âgé, à cause de la valeur plus considérable de la nourriture qu'il aura absorbée.

Enfin, nous ajouterons au compte, l'intérêt du capital engagé, et nous en déduirons la valeur des déjections de l'animal.

Bien que ne donnant pas de chiffres, nous pouvons dire qu'il nous semble plus avantageux d'avoir dans cette ferme des juments poulinières et d'élever des poulains pour renouveler l'écurie, que d'acheter de jeunes chevaux prêts à être dressés, tout d'abord au point de vue du prix. En outre, sur treize juments, cinq ou six seulement sont saillies chaque année, et par conséquent il n'est pas utile d'avoir, comme on a l'habitude de le dire, un grand nombre de chevaux en supplément à cause des pertes de temps du poulinage, si nous comptons qu'en moyenne deux ou trois bêtes seulement sont fécondées chaque année. Puis, si on achète le poulain à 6 mois, ou à 1 an, ou même à 18 mois, les risques encourus seront les mêmes jusqu'à la période du dressage, et l'on aura le désavantage de ne pas connaître, le plus souvent, les qualités et défauts des parents, et pour lesquels le jeune sujet peut par suite avoir des prédispositions. On n'a pas suivi, comme il est possible de le faire pendant l'élevage, tous les progrès et toutes les modifications possibles survenus au jeune pendant sa croissance. La question des antécédents est à envisager, quant aux chevaux provenant de parents méchants ou tarés, et surtout pour les pouliches qui devront servir à la reproduction et transmettre à leurs produits une partie de leurs caractères.

RÉGIME DES CHEVAUX ET JUMENTS PENDANT L'ANNÉE

Les juments poulinières ne sont pas exclusivement réservées pour la reproduction : seules quelques-unes sont saillies chaque année, et elles servent surtout comme animaux de travail. Aussi, pendant la majeure partie de l'année reçoivent-elles la même ration que les chevaux hongres.

L'aliment sec qui forme la base de la nourriture des chevaux est l'avoine, à laquelle on adjoint souvent des produits mélassés et quelquefois de l'escourgeon, pour faire la soudure entre les deux récoltes d'avoine et ne pas donner aux animaux une avoine trop jeune, qui pourrait produire des troubles digestifs.

Avant leur utilisation, l'avoine et l'escourgeon seront aplatis. Autant que possible, on fera varier la proportion de nourriture sèche avec l'époque, l'état du sujet et le travail qu'il aura à fournir ; pour cela, on a souvent à lutter contre les charretiers qui ont toujours tendance à donner trop d'avoine à leurs chevaux. Pour cette raison, la nourriture concentrée est donnée aux charretiers chaque matin, et chacun a exactement le poids voulu pour son attelée. Cela nécessite une main-d'œuvre supplémentaire, vivement retrouvée, car on évite le gaspillage et les difficultés pouvant provenir à ce propos entre les différents conducteurs d'attelées.

Eté comme hiver, les chevaux ont du foin ; cependant, pendant les fortes chaleurs, on leur donne des fourrages verts en remplacement du foin sec pour les rafraîchir un peu ; de même, en hiver, on leur donne pour la même raison, de temps à autre, le soir, quelques betteraves demi-sucrières.

Dans les années où le foin est peu abondant, on remplace quelquefois un repas de foin par de la paille de blé fraîchement battue.

Actuellement, la ration journalière est la suivante :

Avoine	7 kgs 500
Paille mélassée............	2 kg. 500
Foin de luzerne............	7 kg. 500
Paille de blé..............	5 kg.

(dont 3 kgs sont absorbés)

Cette ration présente une valeur théorique de :

		Mat. sèche	Mat. azotée	Val. amidon
Avoine	7 k. 500	6 k. 502	0 k. 600	4 k. 477
Paille mélassée.	2 k. 500	2 k. 015	0 k. 090	0 k. 895
Foin de luzerne	7 k. 500	6 k. 300	0 k. 907	1 k. 847
Paille de blé...	3 k.	2 k. 571	0 k. 006	0 k. 345
		17 k. 388	1 k. 603	7 k. 564

Or, pour un cheval de 650 kgs, la ration pour un travail moyen est de :

	Mat. sèche	Mat. azotée	Val. amidon
	—	—	—
Norme	13 k. 650-16 k. 900	0 k. 910	7 k. 540

La paille ne manque pas et on cherche à obtenir le plus de fumier possible ; aussi peut-on facilement compter par cheval et par jour 10 à 12 kgs de paille, car de la botte mise dans le râtelier une partie est laissée en tant que nourriture et est transformée en litière.

Chaque matin, les écuries sont complètement nettoyées, et à 6 heures, lors du commencement du travail, les fumiers doivent être sortis ; les animaux doivent avoir été pansés et avoir reçu leur repas du matin, c'est-à-dire : boisson, avoine, paille mélassée et foin.

A midi, après qu'ils ont bu, les chevaux reçoivent : foin, avoine et paille mélassée ; enfin, le soir, ils boivent en rentrant du travail et on leur donne le reste de leur ration.

Les chevaux sont ferrés dans le village, et la perte de temps est peu importante pour aller chez le maréchal, car sa forge est très voisine de la ferme. Les chevaux sont ordinairement envoyés à ferrer le matin, entre 6 heures et 8 heures et demie, heure du casse-croûte, pour ne pas immobiliser trop longtemps une attelée. On compte qu'il faut dix ferrures complètes par an et par cheval.

Le bourrelier le plus proche est à Aubigny, aussi ne le voit-on que rarement à la ferme, sauf pour vérifier les colliers et harnais deux fois par an ; on peut compter une dépense annuelle moyenne de 180 francs à 200 francs par cheval. Il est vrai que les charretiers prennent en général assez de soin du harnachement de leur attelée et veillent à ce que le cheval ne se blesse pas, surtout avec les colliers.

Les dimanches et jours fériés, les chevaux sont laissés à l'écurie, et un seul charretier est chargé de leur entretien ; il existe à cet effet un roulement régulier, tous les charretiers devant être successivement de service.

La meilleure spéculation serait certainement l'élevage des poulains et la vente des chevaux vers l'âge de 5 à 6 ans, lorsqu'ils sont en pleine force et par suite ont la plus grande valeur ; en pratique, on élève les poulains, et pour ne pas perdre les charretiers, on doit souvent garder les chevaux jusqu'à 7 ou 8 ans. On les vend alors pour un prix variant de 5.000 à 6.000 francs, le plus souvent à de petits cultivateurs de la région.

Nous avons essayé d'établir le prix de revient de la journée du cheval, pour comparer le prix de la traction animale avec celui de la traction mécanique et en particulier pour le déchaumage d'un hectare.

Prix de revient de la journée de cheval

Nourriture :

Avoine	7 k. 5 × 1 fr.	= 7 50
Foin	7 k. 5 × 0 fr. 30	= 2 25
Paille mélassée	2 k. 5 × 0 fr. 60	= 1 50
Paille de blé..	3 k. × 0 fr. 15	= 0 45
	11 70 × 365 =	FR. 4.270

Report............	4.270
Ferrure : 4 × 4 × 10 = ...	160
Harnachement	200
Main-d'œuvre : ½ h. par jour, 2 fr. 50 l'heure.	456
Vétérinaire	20
Logement, éclairage, etc........................	80
Impôts, assurances et divers....................	100
	5.286
Intérêt à 6 % de 3.500 + 5.286 fr................	527
	5.813

A déduire :

Plus-value...... (5.000 — 3.500) : 5 = 300 fr.		
Valeur du fumier...... 9 t. à 30 fr. = 270 fr.		
	570 fr.	570
Dépense totale annuelle...............		5.243

Prix de revient de la journée de travail :

$$\frac{5.243 \text{ fr.}}{290 \text{ jours}} = 18 \text{ francs.}$$

Par suite, si nous comptons qu'une attelée de trois chevaux peut déchaumer 2 hectares et demi par jour, nous compterons que la traction pour ce travail revient, par hectare, à :

3 chevaux à 18 fr..........................	54 fr.
1 charretier à 20 fr........................	20 »
Pour 2 ha. ½..............................	74 fr.
Pour 1 ha................. 74 : 2,5 = 29 fr. 60	

D'où l'on voit l'avantage, dans cette exploitation, de la traction animale, puisque le même travail, avec la traction mécanique, revient à 43 fr. 50, à cause du prix élevé du carburant.

Quatrième Partie

Production du Lait, du Beurre de la Viande et du Fumier

Nous avons déjà dit plus haut que nous nous trouvons dans une exploitation mixte, où l'élevage tient une grande place ; aussi envisagerons-nous successivement les diverses spéculations animales qu'on y pratique, savoir :

1° La production du lait et du beurre, avec les bovins ;

2° La production des jeunes et de la viande, avec les bovins, les ovins et les porcins ;

3° Enfin, la production du fumier, avec toutes les espèces animales énoncées ci-dessus, auxquelles nous devrons ajouter les chevaux, dont nous avons déjà parlé.

Nous essaierons de montrer que si la culture peut donner d'assez bons résultats, l'élevage peut y adjoindre une bonne part de profits.

CHAPITRE PREMIER

LES BOVINS

RACE

Les seuls bovins élevés dans cette exploitation sont de race flamande. Le troupeau est formé actuellement de :

30 vaches laitières,
 2 taureaux,
35 élèves, répartis en trois groupes :
14 de moins d'un an,
13 de 1 an à 18 mois,
 8 de 18 mois à 2 ans et demi.

Comme dans la plupart des élevages où l'on cherche à obtenir de bons produits, on s'applique à n'avoir qu'un seul type de bêtes, mais avec des caractères communs essentiels : une taille voisine de 1^m40, un cou un peu épais, un fanon petit, un garrot assez large et légèrement proéminent, une ligne du dos bien régulière et bien droite, des hanches écartées, une poitrine large, une côte bien arrondie, avec un ventre assez volumineux, une cuisse forte et bien descendue, et surtout des aptitudes laitières et beurrières excellentes.

Si l'on a choisi comme race la flamande, c'est qu'elle se trouve dans son aire d'élection et que, depuis déjà fort longtemps, la sous-race artésienne est établie dans la région. Depuis quelques années, on a cherché dans tous les centres importants de production de bovins flamands à ne plus obtenir qu'une seule variété de bétail, en améliorant ses qualités par une sélection sérieuse et quelquefois par l'apport de sang étranger.

Pour permettre l'amélioration de la race, il a été créé un Herd-book flamand, et n'y sont inscrites que les bêtes ayant été jugées, par un jury compétent, aptes à continuer la race. Les jeunes animaux nés de parents inscrits sont acceptés provisoirement et ne sont admis pour l'inscription qu'après passage de la Commission du Herd-book, à un an pour les mâles et au premier veau pour les femelles.

On tend, dans notre exploitation, à ne plus posséder que des bêtes d'élite, toutes inscrites à ce livre généalogique ; pour cela, on élimine peu à peu les sujets défectueux et on achète les taureaux dans les meilleures étables flamandes. On applique ainsi l'idée de Külm, lorsqu'il dit : « Les meilleurs reproducteurs, quoique les plus chers, sont en réalité ceux qui coûtent le moins. »

C'est ainsi que le dernier reproducteur mâle acheté est le nommé « Diabolo », venant de l'élevage de Mme veuve Le Fever, taureau qui a obtenu en 1926 le premier prix à Bergues, et le deuxième à Cassel, dans la catégorie des « taureaux n'ayant pas de dents de remplacement ».

SPÉCULATIONS

On avait essayé d'introduire ici des vaches hollandaises et il fut un temps où les races hollandaise pie-noire et flamande étaient à peu près en égalité de nombre dans la ferme. C'est qu'alors on vendait presque tout le lait en nature et pour la quantité de lait produite la hollandaise l'emportait, alors que la richesse de son lait en matière grasse était moins grande.

Le vente du lait en nature n'est pas avantageuse en ce moment, aussi a-t-on complètement délaissé la race hollandaise pour lui préférer la race flamande, qui donne la possibilité de fabriquer du beurre.

En outre, on peut vendre les veaux flamands comme reproducteurs, lorsqu'ils sont de bonne origine, alors que dans la région il est difficile de se débarrasser des jeunes hollandais autrement que comme veaux de lait.

Nous envisagerons donc successivement les deux spéculations les plus intéressantes de l'exploitation pour l'espèce bovine, savoir : la production des jeunes et leur élevage, et la fabrication du beurre.

PRODUCTION DES JEUNES

Les génisses bien conformées sont mises au taureau vers l'âge de deux ans.

On fait suivre les dates de saillie pendant toute l'année, mais de façon à ce que les naissances se produisent plutôt pendant la période de stabulation. Tout d'abord, à ce moment, la surveillance des bêtes est plus facile ; en outre, par suite de l'abondance du lait, le beurre est fait ainsi en plus grande quantité pendant l'hiver, sa conservation et sa vente étant alors plus faciles que pendant la saison chaude.

En outre, on a ainsi l'avantage de pouvoir obtenir des veaux assez forts pour les mettre à l'herbage dès que le temps le permet, au début du printemps.

Aucune nourriture spéciale n'est donnée aux vaches au moment du vêlage ; on évite cependant la constipation, qui est fréquente chez les femelles au moment de la parturition, et on tâche de tarir le lait au moins trois semaines avant la mise-bas, quand le tarissement n'est pas naturel.

Nous allons donc parler d'abord du régime du taureau, de la vache laitière, puis de leurs produits.

RÉGIME DES BOVINS ADULTES

Taureaux

Pendant l'hiver, les taureaux sont laissés en stabulation complète ; ils sont seulement sortis un peu dans la cour, par le vacher, chaque jour, pour éviter qu'ils ne s'affaiblissent par manque d'exercice. Pendant la belle saison, l'un d'eux est laissé dans un herbage, derrière le bois, avec les génisses qui sont en âge d'être saillies.

L'autre est le plus souvent laissé à l'étable, car on tient à ce que la saillie des vaches soit faite sous la surveillance du vacher afin d'en connaître la date. Quand on a un petit herbage libre, on y met le taureau au piquet, ce qui est, nous semble-t-il, de beaucoup préférable à la stabulation, car l'animal est ainsi au grand air.

L'alimentation des taureaux est à peu près semblable à celle des vaches laitières ; on remplace cependant, en hiver, une partie des tourteaux par de l'avoine. Pendant la période de pâturage, ils ne reçoivent pas d'aliments supplémentaires à l'herbe de prairie ; lorsqu'un taureau est laissé l'été à l'étable, il reçoit, pour remplacer l'herbe des prés, du fourrage vert, ordinairement du trèfle violet.

Les taureaux sont généralement achetés vers l'âge de 18 mois et commencent alors la monte dès qu'ils ont été jugés sains par un temps de quarantaine, et qu'ils sont assez bien dans les conditions favorables à la saillie.

Ils sont gardés jusqu'à quatre ou cinq ans, lorsqu'ils sont bons raceurs, et vendus ensuite à la boucherie. On a deux taureaux, afin de ne pas faire de consanguinité. On ne conserve jamais de taureaux nés dans l'exploitation, pour la même raison.

La viande de vieux taureaux est achetée par les bouchers de la région des mines de Lens.

Vaches laitières

Les vaches laitières, actuellement au nombre de trente, forment un troupeau régulier dans son ensemble ; elles proviennent presque toutes de l'élevage d'Hermaville et parmi elles on compte actuellement huit bêtes qui sont à leur premier veau et qui, par conséquent, ont une production laitière inférieure à celle des autres bêtes du troupeau.

La stabulation complète des vaches a lieu pendant cinq mois, c'est-à-dire à peu près du 15 novembre au 15 avril, suivant le temps.

Pendant cette période, leur régime est à peu près celui-ci :

A 5 h. 30, commence la traite ;

A 7 h., on donne à chacune une demi-manne de provende et une demi-botte de foin ;

A 10 h., on les conduit à l'abreuvoir, après quoi on leur distribue le tourteau et un peu de paille d'avoine ;

Vers 12 h., on leur donne une demi-botte de fourrage et de la paille ;

A 15 h. 30, on les fait boire ;

A 16 h., on fait la seconde traite ;

Et à 18 h., on leur donne une demi-manne de provende et de la paille d'avoine pour la nuit.

Leur ration journalière est alors de :

Provende (environ 32 kgs de betteraves ou pulpes et 3 kgs de menue paille).......	35 kgs
Foin de luzerne..........................	4 kgs
Tourteau de lin..........................	1 kg.
Tourteau d'arachide......................	0 kg. 500
Paille d'avoine..........................	10 kgs

Ce qui, d'après les tables de Kellner, correspond à :

		Mat. sèche	Mat. azotée	Val. amidon
		—	—	—
Betteraves	32 k.	4 k. 320	0 k. 256	2 k. 368
Menue paille..	3 k.	2 k. 520	0 k. 042	0 k. 729
Foin	4 k.	3 k. 360	0 k. 484	1 k. 060
Tourt. de lin.	1 k.	0 k. 890	0 k. 288	0 k. 718
T. d'arachide.	0 k. 500	0 k. 451	0 k. 200	0 k. 378
Paille d'avoine	10 k.	8 k. 570	0 k. 130	1 k. 700
Total...........		20 k. 111	1 k. 400	6 k. 953

Or, si nous comptons comme poids moyen des vaches, 600 kgs, nous devrons avoir, pour l'entretien journalier de chacune :

	Mat. azotée	Val. amidon
	—	—
Norme	0 k. 360	3 k. 100

Il restera donc pour la production du lait :

Matière azotée..............	1 k. 040
Valeur amidon.............	3 k. 853

Et si nous considérons qu'il faut pour produire 1 litre de lait :

Matière azotée...............	0 k. 070
Valeur amidon.............	0 k. 300

chaque vache pourra produire, avec cette ration journalière, environ 12 litres de lait.

Or, on cherche à obtenir les meilleurs résultats ; c'est pourquoi on ne craint pas l'emploi de nourritures un peu copieuses et pouvant entraîner l'augmentation des produits de la glande mammaire.

Vers le 15 avril, les bêtes sont mises en pâtures et pendant les premiers jours on diminue progressivement la nourriture d'hiver, afin qu'un changement trop brusque d'alimentation ne nuise pas à l'organisme. Tant que les nuits ne sont pas assez chaudes, les bêtes sont rentrées à l'étable tous les soirs et remises en pâture après la traite du matin.

Pendant l'été, elles sont laissées à l'herbage toute la journée et la nuit, c'est seulement pour faire les traites qu'on les rentre à la vacherie.

On ne fait que deux traites par jour ; elles sont faites, quelle que soit la saison, le matin, vers 5 h. 30, et le soir, vers 16 heures. Lorsque les bêtes sont à l'étable pour un court moment, on leur donne dans les râteliers un peu de paille d'avoine pour les occuper.

A partir du début de septembre jusqu'aux premiers jours d'octobre, cette paille est remplacée par du trèfle coupé en vert, car la nourriture dans les pâtures est souvent moins nourrissante.

A partir d'octobre, on donne aux animaux au dehors des collets et feuilles de betteraves, et à l'étable de la paille d'avoine.

Dès que les nuits deviennent fraîches, les vaches sont rentrées à la vacherie au moment de la traite du soir et ne sont sorties que le lendemain matin, et enfin, vers le 15 novembre, la stabulation devient complète.

Les vaches sont vendues à leur quatrième veau à un marchand de bestiaux, comme bêtes dites « parisiennes ».

Régime des jeunes

Aussitôt après sa naissance, le jeune veau est séché et séparé de sa mère. Environ une heure plus tard, on lui fait absorber, en lui mettant le mufle dans le seau qui contient le lait, et en lui introduisant dans la bouche deux doigts pour permettre la succion, environ un litre de lait, dès la traite, pour qu'il soit à température du corps.

Pendant les trois premières semaines, le veau fait trois à quatre repas par jour, en augmentant peu à peu la quantité de chacun, pour arriver à huit et même dix litres de lait pur, régime qui dure jusqu'à deux mois. Dès lors, on commence à habituer le veau à prendre en deux repas un mélange de lait pur et de lait écrémé, en allant progressivement, pour arriver à lui donner moitié lait pur, moitié lait écrémé, soit au maximum dix litres de chacun. On commence alors à habituer le jeune animal à consommer du bon foin, pour permettre graduellement le sevrage. Vers l'âge de six mois, le veau est mis à l'herbage, quand le temps le permet, et ne reçoit plus de lait ; quand la température n'est pas clémente, on lui donne progressivement des betteraves et de la paille.

Pendant toute la belle saison, les bêtes sevrées sont laissées dans des herbages qui leur sont réservés ; cette période de pâturage dure ordinairement pour elles des premiers beaux jours d'avril à la fin de novembre ; on leur donne alors comme supplément de nourriture, lorsque l'herbe est rare, au début et à la fin de cette période, de la paille d'avoine, sous un hangar qui peut en même temps leur servir d'abri.

Pendant leur stabulation, les veaux reçoivent entre un et deux ans une ration journalière qui fut cette année de 25 à 30 kgs de provende en deux repas et de la paille d'avoine à discrétion, c'est-à-dire au moins 10 kgs.

Si nous avions eu assez de foin, nous nous proposions de leur donner :

10-15 kgs de provende, le matin ;

5 kgs de foin de luzerne, le soir ;

Et de la paille d'avoine à discrétion.

On pratique ici, pour les jeunes veaux destinés à la reproduction, alors qu'ils ont quelques semaines, la vaccination contre la tuberculose avec le vaccin B. C. G. des docteurs A. Calmette et G. Guérin. Cette vaccination est faite simplement à titre préventif, bien qu'aucun cas de tuberculose n'ait été signalé dans le troupeau, mais par crainte qu'il ne s'en déclare parmi ces animaux, maintenus une partie de l'année en stabulation.

En règle générale, toutes les femelles sont conservées, soit environ de 12 à 15 chaque année, jusqu'à 2 ans et demi ; à cette époque, elles ont été saillies et montrent les principales qualités qu'on peut attendre d'elles. Celles qui sont les mieux conformées devront remplacer les vaches réformées chaque année ; les autres, qui sont ordinairement, quoique moins bien racées, de belles génisses inscrites au H. B. F., sont vendues comme bêtes amouillantes à deux ans et demi environ, et leur prix a varié l'an dernier entre 2.800 et 3.500 francs.

Pour les veaux mâles, deux solutions sont à adopter :

a) La vente comme veaux de lait à huit jours, à de petits éleveurs qui les engraissent pour la boucherie et les ont payés, en 1926, 150 à 200 francs, soit en moyenne 175 francs.

b) La vente comme reproducteurs, à un mois, ou entre un an et dix-huit mois ; c'est vers cette spéculation qu'on cherche actuellement à orienter l'élevage, car les taureaux de bonne origine peuvent se vendre à un mois environ 500 francs, à un an 3.500 francs environ et, à dix-huit mois, 4.200 francs.

Or nous allons essayer de chercher si l'on a avantage à vendre le jeune veau à huit jours pour la boucherie, ou comme reproducteur à un mois, à un an ou à dix-huit mois, sachant que le litre de lait peut être vendu, comme nous le verrons plus loin, pour la beurrerie, à 1 fr. 10, et que le lait écrémé vaut environ 0 fr. 30 le litre, et le babeurre 0 fr. 10 le litre.

Or, nous pouvons dire que le veau de boucherie vendu à huit jours n'a coûté que la valeur du lait qu'il a absorbé, car, sans sa naissance, la vache n'aurait pas produit de lait et, par conséquent, le capital engagé pour les géniteurs entre ici non pas dans le compte d'élevage, mais dans celui de la laiterie (en supposant une réussite de 100 %, à cause des naissances doubles).

Nous dirons donc que les huit jours d'existence du veau sont revenus à :

4 l. × 8 × 1 fr. 10 = 35 fr. 20

On gagnerait donc par veau :

175 — 35,20 = 149 fr. 80

Pour le veau vendu vers un mois comme reproducteur, nous ne compterons encore que la nourriture en lait, bien que la valeur des géniteurs doive être supérieure à celle des procréateurs de veaux de boucherie, soit :

(4 l. × 8 + 8 l. × 22) × 1 fr. 10 = 228 fr.

Nous devons en outre mentionner, pour ces animaux, les frais de vaccination et les risques d'accidents pendant le mois où ils demeurent à la ferme, et nous pourrons facilement ajouter 32 francs, ce qui porte les dépenses à 260 francs et le bénéfice sur la vente à 240 francs.

Par contre, pour le taurillon vendu à un an, nous devrons chercher son prix de revient pour l'alimentation à l'étable, à la prairie, son inscription au Herd-book, sa vaccination, et enfin d'assez gros risques et assurances, et quelquefois même des frais de vente; si nous supposons la naissance en novembre :

Nourriture :		
Jusqu'à un mois...........................		228 »
De 1 mois à 5 mois :		
Lait pur.... 9 l. × 120 j. × 1 fr. 10 =	1.188	
Lait écrémé. 8 l. × 90 j. × 0 fr.30 =	216	
	1.404	1.404 »
3 kgs de foin pendant 1 mois : 90 × 0,3..		27 »

Report..........		1.659 »
Valeur de l'herbage :		
Valeur locative.....................	500	
Impôts, assurances, etc..............	80	
Clôtures	50	
Engrais et travaux culturaux.......	250	
Par hectare............	880	
On peut mettre 3 veaux à l'hectare, soit, par bête		293 »
Impôts, assurances, risques..................		100 »
Vaccination et inscription au Herd-Book.....		30 »
Frais de vente..................................		50 »
		2.132 »
Intérêts à 6 % de 2.132 fr............		127 »
Dépense totale		2.259 »

Ici nous envisageons le cas du jeune animal vendu au moment de la rentrée du troupeau à l'étable ; si nous le supposons vendu seulement vers dix-huit mois, c'est-à-dire avec cinq mois de stabulation, les dépenses seront beaucoup plus fortes, et nous devrons y ajouter :

Nourriture :	
Betteraves... 25 k. × 0 fr. 10 = 2 50	
Paille...... 10 k. × 0 fr. 15 = 1 50	
3 50 × 150 j. =	525 »
Main-d'œuvre	100 »
	625 »
Intérêt à 6 %..	37 50
	662 50
A déduire : valeur du fumier : 5 t. à 30 fr.....	150 »
Dépense nette..........................	512 50

Or, si nous prenons comme prix de vente du taureau à un an, 3.500 francs, et à dix-huit mois, 4.200 francs, le bénéfice sera :

A 1 an : 3.500 — 2.259 = ...	1.241 »
A 18 mois : 4.200 — (2.259 + 512,50) = ...	1.428 50

Mais encore faut-il être sûr de trouver un débouché assuré pour les reproducteurs, car malheureusement nous ne nous trouvons pas dans un centre d'élevage de bovins sélectionnés, et il est nécessaire, pour obtenir les résultats ci-dessus, de donner à notre élevage une renommée encore naissante, et que nous voulons améliorer et maintenir par la qualité des produits.

Ces calculs sommaires ont encore eu pour but de nous mettre sur la voie pour chercher à quel prix peut revenir la génisse prête à la mise-bas, lorsqu'elle est vendue ou qu'elle entre dans le troupeau des vaches laitières, c'est-à-dire lorsqu'elle a environ deux ans et demi :

Valeur à un an (sans frais de vente).........	2.082 »
Valeur d'un été d'herbage..................	293 »
5 mois à l'étable...........................	525 »
Main-d'œuvre	100 »
Frais de saillie............................	50 »
	3.050 »
Intérêt 6 %	183 »
	3.233 »
A déduire : valeur du fumier, 5 tonnes à 30 fr.	150 »
Prix de revient net.................	3.083 »

On voit qu'il n'y a pas grand avantage à chercher à conserver les génisses jusqu'à deux ans et demi, car bien qu'elles soient à cette époque à peu de temps du vêlage, elles n'atteignent qu'un prix peu rémunérateur. Il est vrai que l'on peut, à cet âge, mieux voir les qualités d'une bête, surtout quand on en connaît les antécédents.

N'aurait-on pas avantage à remplacer dans le jeune âge, à partir de deux mois, par exemple, une partie du lait pur par du lait écrémé contenant des succédanés, tels que farines d'orge ou de manioc, pour arriver, à cinq mois, à ne plus donner que du lait écrémé et de la farine, en habituant le jeune animal aux aliments tels que foin et betteraves ?

En estimant qu'à deux mois on peut remplacer progressivement toutes les quinzaines un litre de lait pur par un litre de lait écrémé auquel on a adjoint 100 grammes de farine d'orge, et en augmentant peu à peu pour arriver à donner 16 à 18 litres de lait écrémé avec farine d'orge, la dépense sera seulement, pour lait et farine d'orge :

Jusqu'à 2 mois :	
8 l. de lait pur × 1 fr. 10 × 60 j. = ...	528 »
De 2 mois à 5 mois :	
Lait pur : 5 l. en moyenne × 1,10 × 70 j. =	385 »
Lait écrémé : 9 l. en moy. × 0,30 × 90 j. =	243 »
Farine d'orge : 0 k. 9 en moy. × 1,30 × 90 j. =	105 »
Total	1.261 »

alors qu'en n'employant pas de succédanés, on arrive à dépenser pour les cinq mois de nourriture lactée :

1404 fr. + 228 fr. = 1.632 fr.

On ferait donc, par l'emploi de la farine d'orge en remplacement du lait pur, une économie de :

1.632 — 1.261 = 371 fr.

par génisse élevée, ce qui permettrait un bénéfice plus élevé, d'autant plus qu'en faisant consommer de la farine d'orge, on n'est pas dans l'obligation d'acheter un aliment, comme on devrait le faire pour le manioc, puisque l'on produit dans l'exploitation une assez forte proportion d'orge d'hiver.

PRODUCTION DU BEURRE

Le rendement moyen de notre vacherie a été, pour l'année entière, de 7 litres 30 par jour en 1926, avec huit bêtes n'étant qu'à leur première lactation, ce qui ramène la moyenne de production annuelle pour les vaches, au deuxième et au troisième veau, à 10 litres.

Il n'existe pas, dans la région, de contrôle laitier, ce qui est regrettable ; cependant, le vacher connaît les bonnes laitières, et on cherche de préférence à conserver comme génisses leurs produits.

Le lait était vendu encore, au début de 1926, en nature à la Coopérative des Ouvriers et Employés des Mines de Lens ; il était alors payé 1 franc le litre, mais le producteur avait à sa charge le transport à la gare, à 3 kilomètres de la ferme, à effectuer chaque matin en camionnette, le transport de la gare d'Aubigny à celle de Lens du lait en bidons plombés et le retour des bidons vides ; en outre, pour faciliter la conservation du lait, on le passait aussitôt la traite sur un réfrigérant à eau courante. Par les fortes chaleurs, il arrivait souvent que le lait caillait pendant le voyage et, par suite, était complètement perdu pour l'exploitation, car il n'était pas payé ; enfin, le paiement du lait ne se faisait qu'à échéances très éloignées. Il est facile de voir que le lait ainsi vendu non seulement ne rapportait rien, mais occasionnait chaque jour une assez forte perte. C'est pourquoi on a préféré développer la production des veaux et fabriquer du beurre.

On estime qu'avec le lait de vache flamande, il faut compter 25 litres pour faire 1 kg. de beurre, c'est-à-dire qu'avec la crème d'un litre de lait on peut fabriquer 0 kg. 040 de beurre.

Or, nous pouvons estimer que la production laitière annuelle est de :

7 l. 3 × 30 × 365 = 79.935 litres par an.

Mais tout ne sert pas à la fabrication du beurre, car le lait est consommé en partie :

a) Par les ouvriers et fermiers, soit 15 litres par jour, ce qui fait par an :

15 × 365 = 5.475 litres.

b) Par les veaux :

De 1 à 8 jours.........	4 l. × 8 j. × 30 v. =	960 l.
De 8 jours à 2 mois....	8 l. × 53 j. × 14 v. =	5.936 l.
De 2 à 5 mois..........	9 l. × 90 j. × 14 v. =	11.340 l.
		18.236 l.

Soit au total :

5.475 + 18.236 = 23.711 litres.

Il reste donc pour la beurrerie :

79.935 — 23.711 = 56.224 litres.

Ce qui doit fournir en beurre :

56.224 × 0,04 = 2.248 kg.

Nous allons essayer de faire un compte approximatif de beurrerie, afin de connaître à quel prix est vendu le litre de lait :

Dépenses

Ecrémage. Nettoyage des instruments : 1 h. par jour : 1 fr. 80 × 365 j.	657 »
Barattage. 3 h. par semaine : 1,80 × 3 × 52 s.	280 »
Malaxage. 1 h. 30 par semaine : 1,80×1,5×52.	140 »
Préparation à la vente : 4 h. par semaine : 1,80 × 4 × 52.	374 »
Entretien des bâtiments et des instruments, force motrice	500 »
Impôts, assurances, imprévus.	100 »
	2.051 »
Intérêt à 6 %.	123 »
	2.174 »
Amortissement :	
Ecrémeuse : 2.000 : 10.	200 »
Baratte : 1.200 : 15.	80 »
Malaxeur : 600 : 15.	40 »
Seaux, pots, brocs, etc. : 500 : 10.	50 »
Dépense annuelle.	2.544 »

Recettes

Beurre : 56.224 l. × 0,04 × 22 fr. le kg....	49.456 »
Lait écrémé : 56.224 × 90 % × 0 fr. 30....	15.180 »
Babeurre : 56.224 × 5 % × 0 fr. 10........	281 »
	64.917 »

Balance

64.917 — 2.544 = 62.373 fr.

Prix de vente du litre de lait :

62.373 : 56.224 = 1 fr. 10

Le prix de vente du lait ne paraît pas très fort, mais à cause de l'éloignement de la ferme de tout centre, il ne faut pas s'en étonner. Nous n'avons du reste pas voulu mettre à cet effet de chiffre très fort pour la vente du beurre, bien qu'en moyenne en 1926 il ait souvent dépassé 25 fr. le kg., car le beurre est acheté par un marchand qui vient le prendre à la ferme et le vend sur les marchés.

De l'étude qui précède, il résulte qu'il serait intéressant de développer surtout l'élevage des animaux reproducteurs pour la vente, tout en continuant la fabrication du beurre.

CHAPITRE II

LES OVINS

La spéculation des ovins tient une grande place dans la production de la ferme Saint-Georges, tout d'abord pour la viande des moutons engraissés sur ses terres, et aussi pour le parcage du troupeau ovin.

PRODUCTION DE LA VIANDE

L'effectif du troupeau ovin varie suivant les années, mais la base en est de 150 brebis mères et la spéculation recherchée est la production des jeunes qui seront vendus comme agneaux gris vers six à sept mois.

On achètera aussi des agneaux ou des moutons en avril pour augmenter le troupeau pendant la période de parcage.

Nous montrerons, quand nous parlerons du parcage, que la spéculation ovine est presqu'obligatoire dans cette ferme, et puisque nous voulons surtout chercher à développer la production des reproducteurs bovins, nous devrons nous contenter d'avoir un nombre de moutons peu important, par suite du peu de nourriture qui reste à leur fournir à l'étable, aussi le troupeau ovin sera-t-il plus important en été que pendant la stabulation.

ÉLEVAGE

La race adoptée est celle du Dishley-Mérinos de l'Ile-de-France ; le troupeau est renouvelé par l'élevage, pour les femelles. Les mâles sont achetés quand on le peut et le plus souvent loués chez M. Dhuicque.

Chaque année on vend 40 à 50 brebis réformées, qui sont engraissées et expédiées avant l'hiver, pour être remplacées par de jeunes antenaises.

Les antenaises sont mises au bélier lorsqu'elles ont de dix-huit à vingt mois. La lutte a lieu du 25 juin au 1er août, de façon à obtenir les naissances du 25 novembre au 1er janvier, c'est-à-dire au moment où le troupeau est en stabulation complète, et de façon que les jeunes soient assez forts pour pouvoir suivre le reste du troupeau quand on le sortira au printemps.

On ne sépare pas les agneaux de leur mère ; toutes les brebis ayant mis bas sont placées dans une bergerie spéciale avec leurs jeunes, pendant environ un mois. Puis on donne aux agneaux un léger supplément de foin tendre, car le lait de leur mère est insuffisant alors à satisfaire les besoins de leur croissance. Peu à peu l'agneau est habitué à manger, et le sevrage s'obtient facilement et sans troubles digestifs au quatrième mois ; l'animal mange dès lors comme les moutons adultes, et peut être mis au pâturage avec le troupeau.

Les brebis mères reçoivent la nourriture ordinaire du troupeau avant la parturition, tout en évitant dans les derniers temps de leur donner des foins grossiers ou des nourritures avariées.

Après l'agnelage, elles sont laissées trois à quatre jours à une demi-diète, c'est-à-dire en ne recevant que des aliments aqueux et en petite quantité. Puis leur ration est composée, pendant la période de lactation, de :

Betteraves	3 kgs
(ou pulpes : 5 kgs).	
Menue paille	0 kg. 500
Foin de luzerne..........	0 kg. 600
Avoine	0 kg. 200
Tourteau d'arachide.......	0 kg. 100
Paille de blé à discrétion, soit environ	0 kg. 500

Ce qui nous donne, d'après les tables de Kellner :

		Mat. sèche	Mat. azotée	Val. amidon
		—	—	—
Betteraves	3 k.	0 k. 405	0 k. 024	0 k. 222
Menue paille...	0 k. 500	0 k. 420	0 k. 007	0 k. 121
Foin	0 k. 600	0 k. 504	0 k. 072,6	0 k. 159
Avoine	0 k. 200	0 k. 173	0 k. 016	0 k. 119
Tourteau arach.	0 k. 100	0 k. 090	0 k. 040	0 k. 0757
Paille	0 k. 500	0 k. 428	0 k. 001	0 k. 054
		2 k. 020	0 k. 160,6	0 k. 7507

La norme, pour une brebis mère de 55 kgs, poids moyen que nous pouvons prendre, est, pendant la période d'allaitement, de :

Matière sèche................	1 k. 650
Matière azotée...............	0 k. 159,5
Valeur amidon	0 k. 725

La ration donnée est donc amplement suffisante.

Nous ne donnerons pas de ration pour les

béliers, car à l'heure actuelle ils sont loués seulement pour la période de lutte, et pendant ce temps les moutons étant au pâturage, les béliers ont la même nourriture que le reste du troupeau.

Les agnelles qui sont conservées pour la remonte du troupeau et, par suite, passent un hiver en stabulation, reçoivent alors journellement la ration suivante :

Betteraves	3 kgs
(ou pulpe : 5 kgs).	
Menue paille...............	0 kg. 500
Foin	0 kg. 600
Paille	0 kg. 100

Ce qui équivaut à :

		Mat. sèche	Mat. azotée	Val. amidon
Betteraves	3 k.	0 k. 405	0 k. 024	0 k. 222
Menue paille ..	0 k. 500	0 k. 420	0 k. 007	0 k. 121
Foin	0 k. 600	0 k. 336	0 k. 0484	0 k. 106
Paille	0 k. 100	0 k. 085	0 k. 0002	0 k. 010
		1 k. 246	0 k. 0796	0 k. 459

Et si nous leur supposons un poids moyen de 40 kgs, la norme devra être de :

Matière sèche	0 k. 920
Matière azotée	0 k. 072
Valeur amidon...............	0 k. 428

Nous pouvons compter que, en moyenne, sur 150 brebis, nous obtenons 140 agneaux viables, car tous les agneaux, même jumeaux, sont conservés, et l'on n'a pas pris l'habitude, comme dans certaines régions, de donner les « doubles » aux bergers ; or nous pouvons supposer 70 agneaux mâles et 70 agneaux femelles. Les agneaux mâles sont tous destinés à l'engraissement et à la vente ; les agneaux femelles les mieux conformés sont gardés pour remplacer les brebis réformées, les autres, soit 20 à 30, sont vendus comme reproducteurs, soit avant la rentrée du troupeau, c'est-à-dire vers dix mois, soit en février-mars suivant, c'est-à-dire à un an.

Les brebis sont réformées soit à la suite d'un accident, soit le plus souvent à leur troisième agneau.

ENGRAISSEMENT

Le troupeau reste à la bergerie de la fin de novembre au début de mars, soit trois à quatre mois ; tout le reste du temps il est laissé dehors et couche dans le parc. Sa nourriture est alors constituée par la succession suivante : minette, deuxième coupe de luzerne en fleur, dravière, chaumes, collets de betteraves, et, quand on manque un peu de nourriture, on fait pâturer les moutons dans le petit lot de terre non cultivé et que nous avons appelé pâture à moutons.

Or, ce que nous recherchons ici, c'est surtout le parcage, et il est nécessaire d'avoir un grand nombre de moutons pendant les huit mois où les bêtes peuvent coucher dehors ; c'est pourquoi on fait à cette époque un commerce assez fort avec les moutons, car dès que les agneaux mâles d'élevage sont engraissés, on les remplace par des animaux achetés, agneaux ou moutons, qu'on engraisse, et qu'on revend dès que leur état est satisfaisant, pour les remplacer par d'autres.

Cet engraissement est fait simplement à l'herbage ; on n'a donc pas recours aux nourritures consommées à l'étable (pulpes, avoine, foin et paille), et avec un prix de revient minime, on peut mettre facilement un animal en état de viande de boucherie tout en conservant le bénéfice du parcage.

Ce commerce se fait facilement, grâce à un marchand qui fait venir les animaux maigres, surtout de la Beauce, et qui, le plus souvent, se charge de la vente aux bouchers.

Les agneaux achetés en avril pesant 25 à 30 kgs sont revendus en octobre, avec un accroissement en poids variant de 10 à 12 kgs.

Les agneaux d'élevage, nés pendant la stabulation, sont vendus vers les mois de mai ou juin, pesant environ 40 kgs ; ils sont remplacés par d'autres moutons.

Ordinairement, on se débarrasse des bêtes d'engraissement au moment de la rentrée du troupeau, mais si on a suffisamment de pulpes, on en garde quelques-unes, que l'on engraisse de novembre à février, avec la ration suivante :

Pulpes	6 kgs
Menue paille	0 kg. 500
Tourteau de lin...........	0 kg. 200
Avoine	0 kg. 100
Foin	0 kg. 600
Paille	0 kg. 500

Dans tous les cas, qu'il s'agisse de brebis mères, d'agneaux ou de bêtes d'engraissement, on devra toujours leur fournir une boisson suffisante, surtout en été, pendant la période de vie au plein air.

Un seul berger suffira pour s'occuper de ce

troupeau pendant la période de parcage, et ses aides les plus précieux seront alors ses trois chiens. Ces bêtes sont nourries une fois par jour d'une soupe faite des déchets de la cuisine de la ferme ; leurs deux autres repas sont faits de « brignons » trempés dans de l'eau ; ces « brignons » sont des sortes de pains faits d'une pâte de « rebulet » ou mouture, non levés, et cuits à la ferme même dans un fournil ne servant plus qu'à cet usage.

Pendant la période de stabulation, un aide est souvent adjoint au berger pour la distribution des nourritures.

Le berger est intéressé à l'exploitation de son troupeau, car outre son salaire mensuel, il touche une prime sur les agneaux élevés jusqu'au sevrage et une prime sur la vente des animaux gras et des reproducteurs.

Nous allons essayer d'établir un compte pour notre bergerie, compte qui sera très approximatif à cause du nombre très variable des moutons engraissés à l'herbage et à la bergerie. Nous ne prendrons donc que des chiffres très moyens afin d'éviter les erreurs trop grossières.

Valeur du capital engagé

Brebis mères : 150 × 350	52.500 »
Antenaises : 40 × 280	11.200 »
Matériel	3.800 »
	67.500 »

Nous ne comptons pas les agneaux mâles et femelles vendus à dix mois, car ils constituent plutôt un revenu qu'un capital.

Dépenses

Nourriture d'hiver (5 mois) :		
Brebis mères.......	0 fr. 80 × 150 × 150 j.	18.000 »
Antenaises	0 fr. 45 × 40 × 150 j.	2.700 »
Agneaux	0 fr. 35 × 140 × 150 j.	7.350 »
Nourriture d'été (7 mois) :		
Valeur de 7 ha. de minette.............		7.000 »
— 7 ha. de dravière..............		4.000 »
— 14 ha. de luzerne (2e coupe)....		7.000 »
— des collets de betteraves, chaumes et pâtures à moutons....		1.000 »
Location des 3 béliers : 300 fr. × 3.......		900 »
Achat de 150 moutons à 250 fr.............		37.500 »
Tonte : 1 fr. 45 × (330 + 150)...........		696 »
Vétérinaire		350 »
Entretien des bâtiments et du matériel....		400 »
Assurances, impôts		1.000 »
Frais divers		500 »
Un berger et un aide....................		12.000 »
		100.396 »
Intérêt à 6 % des dépenses...............		6.018 »
Intérêt à 6 % du capital engagé..........		4.050 »
Total des dépenses..............		110.464 »

Recettes

Ventes :	
Brebis réformées : 40 × 60 × 5 fr. 75......	13.800 »
Agneaux gris : 70 × 40 × 7 fr...........	19.600 »
Moutons : 150 × 55 × 6..................	49.500 »
Antenaises : 30 × 300 fr.................	9.000 »
Laine :	
Brebis antenaises, moutons : 2 kgs 5 × 340 × 15 fr...........................	12.580 »
Agneaux : 1 kg. × 140 × 15 fr............	2.100 »
Valeur du parcage	8.000 »
— fumier	4.000 »
Total des recettes................	118.080 »

Balance

Bénéficie : 118.080 — 110.464..............	7.616 »

D'après le compte ci-dessus, nous trouvons un bénéfice suffisant pour le capital engagé, mais il faut remarquer que les animaux donnant le plus gros bénéfice sont les moutons achetés en avril, engraissés sur les fourrages verts et vendus en octobre ; en effet, outre le bénéfice qu'on peut faire en les revendant, on a la laine de leur toison, car ils sont tondus avant la vente et ils servent surtout au parcage.

Cette spéculation ne peut réussir qu'à une condition, c'est de faire ce commerce avec un intermédiaire consciencieux, et c'est ici le cas.

CHAPITRE III

LES PORCINS

Nous devons faire une distinction importante dans cette exploitation, entre l'élevage et l'engraissement : l'élevage est fait essentiellement en plein air, alors que l'engraissement se pratique le plus souvent dans les porcheries de la ferme, dont nous avons dit quelques mots dans le chapitre des bâtiments.

ÉLEVAGE

L'élevage est fait en plein air, c'est-à-dire que chaque truie dispose pour elle et ses porcelets d'un petit parc, d'une superficie voisine de 2.000 mètres carrés, et qui est formé en partie par une prairie et en partie par un taillis.

Les parcs ont été aménagés sur la partie limitrophe du parc entourant le château d'Hermaville; ils sont tous placés sur une ligne, le long d'un chemin. Les clôtures, bien entretenues, sont en grillage de $0^{m}90$ de hauteur et en barreaux de fer à T. Chaque parc a une porte d'accès sur le chemin, et des portes permettent de passer directement d'un parc dans les parcs voisins.

Comme il est nécessaire que le porc ait à sa disposition l'eau indispensable à son alimentation, et pour éviter que cette eau soit rapidement salie, on a placé dans chaque parc un abreuvoir en ciment de 1^{m} de longueur sur 0^{m}30 de largeur et 0^{m}20 de profondeur. Cette sorte d'auge est alimentée par un réservoir composé d'un vulgaire tonneau placé sur son fond et dont la partie supérieure est enlevée. Ce tonneau peut contenir l'eau nécessaire pour une semaine environ, il est fermé à sa partie inférieure par un robinet qui surplombe l'abreuvoir. Les auges seront remplies chaque jour, par le porcher, en faisant sa tournée de surveillance.

Dans chaque parc, il existe un abri formé de quatre panneaux de bois, placés en forme de tronc de pyramide, avec un toit en tôle galvanisée, et ayant 2^{m}50 de longueur sur 2^{m}50 de largeur et 1^{m}50 de hauteur. L'inclinaison des parois réduit les risques d'écrasement des jeunes par les mères. En outre, chaque cabane comprendra sur deux de ses parois une barre de bois placée à 0^{m}18 du sol et à 0^{m}18 du mur, ce qui permettra aux porcelets de se garantir encore plus facilement contre les écrasements possibles. L'aération lui est fournie par une seule ouverture, servant de porte, et protégée contre la pluie par un avant-toit ; un seuil d'environ 0^{m}18, placé devant cette ouverture, empêche les jeunes de sortir de l'abri tant qu'ils n'ont pas une assez bonne vue pour ne pas se perdre dans la prairie.

Cette cabane est placée sur un plancher recouvert de paille ; on en dispose ordinairement la porte au Sud-Est et on la protège des grands vents par les arbustes du taillis.

On ne donne aux animaux d'élevage que des aliments secs ; aussi peut-on employer à cet effet des distributeurs automatiques, formés par une trémie ou réservoir où l'on place la nourriture pour une semaine, et d'une mangeoire à couvercle que le porc soulève facilement ; cet appareil est combiné de telle sorte qu'aussitôt la mangeoire vidée par le porc, les aliments, en glissant dans la trémie, tombent dans celle-ci. Pour éviter le gaspillage, on se contente de laisser les mangeoires ouvertes seulement pendant trois à quatre heures.

La main-d'œuvre sera donc considérablement réduite, puisqu'elle consistera seulement à surveiller chaque jour et une fois par semaine à remplir les distributeurs de nourriture et les tonneaux à eau.

RACE

La seule race élevée est la race Yorkshire Middle White et notre élevage comprend douze truies et deux verrats, sans parler d'un troupeau de jeunes porcelets.

On a adopté cette race parce qu'elle est très précoce et que, si elle est bien acclimatée et sélectionnée, elle peut donner d'excellents produits au « plein air ».

Il faut surtout rechercher la vente des reproducteurs, et c'est vers ce but qu'on veut tendre, mais pour la vente comme animal de boucherie, on peut envisager qu'un porc de cette race est bon à tuer vers huit mois et pèse alors de 80 à 90 kgs ; si on le laisse vieillir plus longtemps, apparaîtra une couche abondante de graisse, ce qui n'est pas heureux dans notre région, où l'on recherche surtout la bête à lard et non celle à graisse.

Les meilleurs sujets femelles de l'élevage sont conservés comme reproducteurs, de même que certains mâles ; les autres sont envoyés à la ferme pour être rapidement menés à un degré d'engraissement suffisant pour la vente.

Cet élevage, qui n'existe que depuis quelques années, a été créé avec des animaux venant tous d'un élevage anglais, mais il a fallu sélectionner les produits pour obtenir de bons résultats, et en outre les verrats sont achetés le plus souvent en Angleterre.

On est arrivé ainsi à obtenir des produits assez parfaits, puisque deux d'entre eux ont été primés au Concours général de Paris en 1927.

REPRODUCTION

Les jeunes truies âgées de dix à douze mois sont placées dans un parc commun avec un verrat et la saillie se fait en liberté, méthode qui n'est cependant pas à conseiller, car on ne connaît pas ainsi la date des saillies.

Le porcher, grâce à son expérience, peut voir lorsque les truies sont pleines, et un mois environ avant la parturition, les place dans un parc particulier, afin qu'elles puissent bien s'habituer à leur parc et à leur logement.

La naissance se fait dans la cabane servant de logement, et il faut alors une surveillance suffisante pour que la litière soit changée dès qu'elle a été polluée par les enveloppes et les eaux fœtales de la truie, afin d'éviter toute contamination des jeunes sujets.

Aucune nourriture supplémentaire n'est donnée à la truie, mais deux jours avant la parturition et quelques jours plus tard elle est laissée à une demi-diète, en réduisant le temps où la mangeoire reste ouverte.

Les truies ayant déjà porté seront remises au verrat dès le sevrage des jeunes, sevrage qui se fait brusquement lorsque les porcelets ont trois mois, en administrant à la truie une purge à base de sulfate de soude.

Ainsi les truies perdront le moins de temps possible entre les portées.

Toute truie qui est reconnue mauvaise laitière ou peu féconde est engraissée et vendue pour la boucherie ; les autres sont conservées jusqu'à quatre ou cinq ans.

On a deux verrats, malgré le petit nombre de truies, afin d'éviter la consanguinité, néfaste pour la fécondité déjà quelquefois imparfaite chez les races très améliorées comme celles des Yorkshires.

On compte comme production moyenne qu'une truie peut donner trois portées en deux ans, et que chaque portée comprend un chiffre voisin de huit porcelets.

NOURRITURE

Pour établir la quantité d'aliments à mettre dans chaque distributeur de nourriture, on se base sur un principe numérique ; on compte avec les unités suivantes :

1 porcelet de 1 mois	....	1 point
1 » 2 »	....	2 »
1 » 3 »	....	3 »
1 » 4 »	....	4 »
1 » 5 »	....	5 »
1 porc de 6 mois et 1 porc adulte	....	6 »

C'est ainsi, par exemple, que pour une truie ayant six jeunes d'un mois, on comptera douze points, c'est-à-dire que l'on mettra dans le distributeur la ration nécessaire et calculée pour une truie de 90 à 100 kgs et une ration équivalente, c'est-à-dire de 6/6 pour les jeunes porcelets d'un mois.

La nourriture est composée d'aliments concentrés : cossettes de manioc, tourteaux, farine de viande ou de poisson, et avoine ; mais la partie aqueuse de l'alimentation ne manque pas, puisque le porc peut la trouver dans l'herbe de son parc.

La ration journalière, pour une truie de 90 à 100 kgs, est ordinairement, pendant l'allaitement, de :

Cossettes de manioc.......	1 kg.
Tourteau d'arachide........	0 kg. 750
Farine de viande..........	0 kg. 100
Herbe à volonté, soit......	1 kg.

Or, comme nous savons que la ration normale pour une truie de 90 à 100 kgs pendant l'allaitement est de :

Matière sèche.......	2.100 à 2,300 gr.
Matière azotée......	250 gr.
Valeur amidon.....	1.600 gr.

nous pourrons dire que la ration donnée est suffisante, car elle équivaut à :

		Mat. sèche	Mat. azotée	Val. amidon
Cossettes de manioc.........	1 k.	0 k. 869	0 k. 034	0 k. 815
Tourt. arachide.	0 k. 750	0 k. 684	0 k. 350	0 k. 581
Farine viande..	0 k. 100	0 k. 089	0 k. 067	0 k. 089
Herbe	1 k.	0 k. 250	0 k. 020	0 k. 131
		1 k. 892	0 k. 471	1 k. 616

La ration donnée aux porcelets est faite des mêmes proportions des divers aliments.

On avait essayé de remplacer la cossette de manioc, devenue assez chère, par du maïs, et le tourteau d'arachide par celui de palmiste, et la ration suivante avait été donnée :

		Mat. sèche	Mat. azotée	Val. amidon
Maïs moyen...	1 k. 500	1 k. 312	0 k. 106	1 k. 222
Tourt. palmiste.	0 k. 500	0 k. 445	0 k. 079	0 k. 330
Farine viande..	0 k. 100	0 k. 089	0 k. 067	0 k. 089
Herbe	1 k.	0 k. 250	0 k. 020	0 k. 131
		2 k. 096	0 k. 272	1 k. 772

Cette ration était théoriquement suffisante, mais les résultats obtenus étaient moins bons qu'avec le manioc, car le maïs porte facilement à la graisse, et donne au porc une viande flasque ; aussi le manioc est-il préféré.

Les porcelets destinés à l'engraissement sont envoyés à la ferme après castration et sevrage, c'est-à-dire entre trois et quatre mois.

On peut compter, comme production moyenne de l'élevage, avec les 12 truies : 144 porcelets, dont la moitié faite de mâles, l'autre de femelles; sont conservés pour la reproduction les femelles bien racées et quelques mâles, soit environ 60 bêtes par an ; toutes les autres sont engraissées, soit à peu près 84 bêtes par année. La plupart des jeunes reproducteurs sont vendus, on ne garde chaque année que trois à quatre truies pour remplacer les vieilles.

ENGRAISSEMENT

Les jeunes porcs de trois à quatre mois sont placés par groupes de deux ou trois dans des loges peu éclairées et où la nourriture leur est fournie en abondance.

Leur nourriture est composée d'un mélange de petit lait, de tourteau d'arachide, de farine d'orge ou de drèches de manioc. La ration journalière est alors composée pour chaque animal de :

		Mat. sèche	Mat. azotée	Val. amidon
Drèches de manioc.	1 k.	0 k. 276	0 k. 064	0 k. 159
Farine d'orge......	2 k.	1 k. 736	0 k. 204	1 k. 346
Petit lait de beurre.	4 k.	0 k. 396	0 k. 152	0 k. 368
		2 k. 408	0 k. 420	1 k. 873

Or la norme, pour un porc à l'engrais de 65 kgs, est :

Matière sèche................	2 k. 080
Matière azotée...............	0 k. 280
Valeur amidon..............	1 k. 700

La ration est donc suffisante, et nous arriverons, en faisant suivre au porc ce régime, à lui donner en trois mois un poids de 85 à 90 kgs ; il sera alors bon pour la vente.

On pourrait aussi pratiquer l'engraissement dans un parc, mais on aurait alors une certaine perte causée par les courses et divers mouvements de l'animal, et il faudrait compter au moins quatre à cinq mois pour arriver à un engraissement convenable ; il faut remarquer cependant qu'on obtiendrait ainsi une chair plus ferme et moins de graisse.

Il est, en effet, facile de comprendre qu'un animal placé dans un local chaud, sans trop grande clarté, n'ayant que peu de place pour se remuer et absorbant une nourriture abondante, sera facilement porté à un état de graisse ; et si nous comptons comme valeur à trois mois, lorsque commence l'engraissement, 300 francs, il aura coûté à six mois, lors de la vente :

Nourriture :

Drèche de manioc.	1 k. × 1 » = 1 »		
Farine d'orge.....	2 k. × 1 30 = 2 60		
Petit lait.........	4 k. × 0 30 = 1 20		
	3 80×90=	342 fr.	
Main-d'œuvre et frais divers : 1 fr. × 90 =		90 »	
Valeur à trois mois..........................		300 »	
		732 »	
Intérêt à 6 %........................		43 »	
Total........................		775 »	

Et si nous comptons qu'il pèse alors 90 kgs et est vendu 10 fr. le kg., soit 900 fr., le bénéfice sera de 125 fr.

Par contre, si on veut faire l'engraissement en plein air, le porc fortifiera surtout ses muscles, qui constituent la chair, mais par suite de la température peu élevée et des mouvements de l'animal, il y aura pertes de calories et, par suite, perte des éléments nutritifs de la ration. C'est pourquoi la vente ne pourra être faite qu'à sept mois au plus tôt, et le prix de revient sera :

Nourriture :	
Coss. de manioc 1 k. ×1,60=1 60	
Tourt. d'arachide. 0 k. 750×1,40=1 05	
Farine de viande 0 k. 100 × 3 » =0 30	
2,95×120=	354 fr.
Main-d'œuvre et frais divers-herbe : 1 fr. × 120	120 »
Valeur à 3 mois	300 »
	774 »
Intérêt 6 %	46 »
Total	820 »

Et, en comptant 900 fr. comme prix de vente, le bénéfice ne serait que de 80 fr.

On voit donc que, pour l'engraissement rapide, la porcherie semble ici préférable — non pour la qualité de la viande, il est vrai, — à l'engraissement en plein air.

CHAPITRE IV

FERTILISATION

Production du fumier

Nous avons vu, dans les divers chapitres précédents, concernant les animaux, les rations moyennes données à ceux-ci. C'est en nous basant sur ces chiffres, et en ajoutant à chacun d'eux un certain poids de paille pour la litière, que nous allons essayer de calculer la quantité de fumier produite par an à la ferme Saint-Georges.

Pour cela, nous allons suivre la méthode Heuzé, c'est-à-dire celle qui consiste à multiplier le poids de matière sèche des divers aliments et des litières par le coefficient 1,8 :

16 chevaux (pendant 365 jours) :

		Mat. sèche	
7 kgs 500	avoine	6,50	
2 kgs 500	paille mélassée ...	2,25	
8 kgs	foin	6,72	
10 kgs	paille	8,40	
		23,87	
	23,87 × 16 × 365 =		139.400 kgs
	A reporter........		139.400 kgs

		Mat. sèche
Report............		139.400 kgs
32 bovins adultes (pendant 150 jours) :		
32 kgs betteraves	4,320	
3 kgs menue paille	2,520	
4 kgs foin	3,360	
25 kgs paille (1)	21,425	
1 kg. tourteau de lin.......	0,890	
0 kg. 500 tourt. d'arachide..	0,455	
	32,960	
	32,960 × 32 × 150 =	158.208 kgs
34 bovins jeunes (pendant 120 jours) :		
25 kgs betteraves	3,375	
2 kgs menue paille.........	1,680	
20 kgs paille	17,140	
	32,195	
	32,195 × 34 × 120 =	131.355 kgs
150 brebis (pendant 150 jours) :		
3 kgs betteraves	0,405	
0 kg. 500 menue paille	0,420	
0 kg. 600 foin	0,504	
0 kg. 200 avoine	0,173	
0 kg. 100 tourt. d'arachide..	0,091	
1 kg. 500 paille	1,285	
	2,878	
	2,878 × 150 × 150 =	64.755 kgs
40 antenaises (pendant 150 jours) :		
3 kgs betteraves	0,400	
0 kg. 500 menue paille ...	0,420	
0 kg. 400 foin	0,336	
1 kg. 500 paille	1,285	
	2,441	
	2,441 × 40 × 150 =	14.646 kgs
A reporter........		508.364 kgs

(1) Nous donnons un chiffre fort pour la paille, afin de tenir compte de la paille utilisée comme litière pendant la période du pâturage et salie pendant les heures de traite.

		Mat. sèche
Report...........		508.364 kgs
140 agneaux (pendant 150 jours) :		
2 kgs 500 betteraves	0,337	
0 kg. 250 menue paille	0,210	
1 kg. paille	0,857	
	1,404	
1,404 × 140 × 150 =		21.000 kgs
80 porcs (pendant 90 jours) :		
1 kg. drèches de manioc...	0,276	
2 kgs farine d'orge.........	1,736	
4 kgs petit lait	0,396	
2 kgs paille	1,714	
	4,122	
4,122 × 80 × 90 =		29.678 kgs
Total des poids de matière sèche..		559.042 kgs

Ce qui, d'après Heuzé, correspond à peu près à : 559 × 1,8 = 1.006 tonnes de fumier mixte de ferme.

Or, pour certaines terres trop éloignées de la ferme, pour éviter les transports trop coûteux de fumier, on se contente du parcage fait par le troupeau de moutons, et l'on estime que celui-ci peut parquer de 15 à 17 hectares par an, entre les mois d'avril et de novembre. Ce résultat n'est obtenu que grâce à l'achat de moutons qui, tout en s'engraissant sur les terres, les fument en même temps ; de là l'avantage de cette spéculation, d'un meilleur rapport, dans notre exploitation, que l'élevage proprement dit du mouton.

On peut regarder le parcage comme presque l'équivalent d'une demi-fumure et, par conséquent, il ne sera pas exagéré de le comparer à 10 tonnes × 16 = 160 tonnes de fumier.

Pour nous rendre compte si cette production de fumier est suffisante, nous allons dresser un tableau sommaire des restitutions faites au sol, et nous le comparerons avec ce que peuvent enlever au sol en éléments fertilisants les différentes récoltes, en prenant non pas les chiffres de 1926, puisque la récolte fut déficitaire pour bien des pièces de terre, mais des chiffres moyens.

DÉSIGNATION DES CULTURES	SURFACE en hectares	RENDEMENT en kilogrammes à l'hectare	PRODUCTION TOTALE en kilogrammes	ÉLÉMENTS EXPORTÉS EN KILOGRAMMES							
				AZOTE		ANHYDRIDE PHOSPHOR.		POTASSE		CHAUX	
				pr 1000	Total	pr 1000	Total	pr 1000	Total	pr 1000	Total
Betteraves sucrières	8	30.000	240.000	1,4	336	0,8	192	2,3	552	0,6	144
Betteraves demi-sucrières	6	50.000	300.000	1,2	360	0,6	180	2,8	840	0,3	90
Rutabagas	3	60.000	180.000	2,1	378	1,1	198	3,5	630	0,9	162
Pommes de terre	2	20.000	40.000	3,4	136	1,6	64	5,8	232	0,3	12
Blé — grains	38	3.000	114.000	20,8	2.371	7,9	855	5,2	592	0,5	57
Blé — paille		5 000	190.000	4,8	912	2,2	418	6,3	1.197	2,7	513
Avoine — grains	31	3.000	93.000	17,6	1.636	6,5	604	5,0	465	1,0	93
Avoine — paille		5.000	155.000	5,6	868	2,3	356	16,3	2.526	4,3	666
Escourgeon — grains	7	2 500	17.500	16,0	280	6,5	113	7,0	122	0,1	17
Escourgeon — paille		4 100	28.700	6,4	183	1,9	54	10,7	307	3,3	94
Trèfle violet	3	5.000	15.000	17,8	267	5,3	79	25,6	384	5,6	84
Minette	7	3.500	24.500	5,6	137	1,4	34	5,3	129	2,5	61
Luzerne	14	7.000	98.000	23,0	2.254	5,3	519	14,6	1.430	25,2	2.389
Dravière	2	4.000	8.000	13,2	105	3,7	29	12,6	100	8,6	68
Totaux					10.223		3.695		9.506		4.450

Nous n'oublierons pas de mentionner, parmi les éléments apportés au sol, ceux des légumineuses fixatrices d'azote, et qui, tout en nourrissant les animaux de leur fourrage, donnent à la terre de l'azote, de l'anhydride phosphorique, de la potasse et de la chaux.

Nous ne comptons pas, dans le tableau précédent, les prairies naturelles : on y apporte du purin et des engrais minéraux, auxquels s'ajoutent les déjections laissées par les animaux. D'ailleurs, ces prairies, étant permanentes, ne rentrent pas dans l'assolement.

Nous devons remarquer que le prélèvement de l'azote ne correspond pas, pour les cultures, au chiffre réel. En effet, nous avons dans l'assolement un certain nombre de légumineuses, qui puisent une partie de l'azote qui leur est nécessaire dans l'atmosphère. On admet en général que cette quantité est égale aux trois quarts des besoins totaux. La réduction à faire sera donc de :

$$(267 + 137 + 2.254) \times 3/4 = 1.993 \text{ kgs}$$

Les éléments enlevés au sol sont donc, par année, de :

Azote : 10.223 — 1.993 =	8.230	kgs
Anhydride phosphorique.	3.695	»
Potasse	9.506	»
Chaux	4.450	»

En outre, les légumineuses laissent au sol, par leurs racines et nodosités, un certain nombre d'éléments, qu'on peut estimer ici à :

	Azote	An. phosph.	Potasse
	—	—	—
7 ha. de luzerne...........	834 k.	182 k.	269 k.
7 ha. de minette...........	208 k.	45 k.	67 k.
3 ha. de trèfle.............	258 k.	37 k.	50 k.
	1.300 k.	264 k.	386 k.

Or, nous savons qu'il est apporté au sol :

Sulfate d'ammoniaque....	12.400 kgs
Nitrate de soude..........	3.100 »
Superphosphate (1)	17.900 »
Sylvinite riche	20.550 »

Ce qui correspond à :

		Azote	An. phosph.	Potasse
		—	—	—
Sulfate d'ammoniaq.	20,5 %	2.542 k.	—	—
Nitrate	15 %	465 k.	—	—
Superphosphate	14 %	—	2.506 k.	—
Sylvinite	20 %	—	—	4.110 k.
		3.007 k.	2.506 k.	4.110 k.

Or, nous avons compté, pour la production du fumier, 1.006 tonnes de fumier de ferme mixte, et le parcage de 16 hectares représente environ 160 tonnes de fumier, ce qui équivaut à un total de 1.166 tonnes, soit :

Azote	4.547 kgs
Anhydride phosphorique...	2.099 »
Potasse	5.247 »

(1) Ou une quantité équivalente de scories de déphosphoration.

Le total des apports s'établit donc ainsi :

	Azote	An. phosph.	Potasse
	—	—	—
Engrais minéraux..........	3.007 k.	2.506 k.	4.110 k.
Fumier et parcage.........	4.547 k.	2.099 k.	5.247 k.
Résidus et racines légumin.	1.300 k.	264 k.	386 k.
Total.............	8.854 k.	4.869 k.	9.743 k.
Ce qui laisse comme excédents.....................	624 k.	1.174 k.	237 k.

Or, nous avons dit, quand nous avons parlé de la valeur agricole des terres, que pour les terres silico-argileuses, qui composent la majeure partie du sol de l'exploitation, il est nécessaire de faire des apports d'anhydride phosphorique, car cet élément manque, et on aurait avantage à en constituer une certaine réserve dans la couche arable.

La quantité d'azote qui est en excédent provient sans doute du fait que nous devrions déduire, des apports faits par les légumineuses, une certaine proportion de cet élément entraînée dans les eaux d'infiltration, ou qui s'est transformée en ammoniac et s'est volatilisée.

CONCLUSION

Si nous n'avons fourni qu'une étude bien incomplète du sujet que nous nous étions promis de traiter, c'est que l'expérience nous a fait souvent défaut.

Nous aurions voulu, dans ce modeste travail, profiter des connaissances théoriques que nous sommes venu chercher à l'Institut Agricole de Beauvais, tout en nous appuyant sur les quelques observations personnelles que nous avons pu faire dans une exploitation où nous avons passé quelques mois.

En prenant pour exemple une ferme artésienne, nous avons essayé de montrer l'extension que l'on pourrait donner à l'élevage dans la région d'Aubigny-en-Artois.

La pratique nous faisant défaut, nous avons dû recourir à la bienveillance et à l'autorité de ceux qui ont déjà tracé leur sillon dans la carrière que nous allons embrasser. Qu'il nous soit permis de les remercier sincèrement, ainsi que tous ceux qui ont contribué à notre formation intellectuelle et morale.

André Bassier,
Lauréat de la Société des Agriculteurs de France.

TABLE DES MATIERES

TROISIEME PARTIE

Les moteurs à la ferme

QUATRIEME PARTIE

Production du lait, du beurre, de la viande et du fumier

Imprimerie Départementale de l'Oise, 26, Rue de Malherbe, Beauvais

www.ingramcontent.com/pod-product-compliance
Ingram Content Group UK Ltd.
Pitfield, Milton Keynes, MK11 3LW, UK
UKHW022111260726
13993UKWH00001B/440

9 782329 206547